海·洋·密·码·科·普·丛·书

# 神奇的海陆变迁和失落的人类文明

阎安◎编著

江苏凤凰教育出版社
Phoenix Education Publishing, Ltd

**图书在版编目(CIP)数据**

神奇的海陆变迁和失落的人类文明 / 阎安编著. —南京:江苏凤凰教育出版社,2014.12 (2017.1 重印)
(海洋密码科普丛书)
ISBN 978-7-5499-4455-2

Ⅰ. ①神… Ⅱ. ①阎… Ⅲ. ①海洋—文化史—世界—普及读物 Ⅳ. ①P7-091

中国版本图书馆 CIP 数据核字(2014)第227633 号

# 目录

# 亿万年来的海陆变迁

从诞生起，地球的地壳内部和表面就不断进行着翻天覆地的变化，才形成今天的地貌地形。如果与地球的“岁数”相比，整个人类的繁衍史极其短暂，也不过二三百万年。地球表面的变迁则已经发生了漫长的几十亿年。

据人类的不断考察，在漫长的地质史中，地球上生存过上百万种生物，包括最后才出现的智慧生命——人类。地球是目前人类所知宇宙中唯一存在生命的天体。地球诞生于45.4亿年前，而形形色色的生命在地球诞生后的10亿年内才逐渐诞生，并不断进化。

就在这些生命进化的同时，地球面貌不断发生着各种巨大的变迁。火山、地震、海啸、山崩等威力巨大的自然现象都在不断地对地球表面进行塑形，停滞和稳定若干年之后再进行重新塑形。

面对这些巨大的变化，最初的原始人类以为是天神发怒，或者想象出其他的缘故，这便诞生了人类最初的神话。可以说，人类古老神话是对无法解释的自然现象产生敬畏的结果。但是殊不知，随着文明的一步步发展，人类也对地球不断挖掘和探究，地球的秘密也在一步步被揭开。

通过近代环球航海业的发展，人类渐渐得知，地球表面大约71%是海洋，剩下的部分被称为大洲和岛屿。更为重要的是，整个地球的内部并非是由表面土壤构成，不仅构造复杂，而且内部活动非常活跃，有一层很厚的地幔、一个液态外核和一个固态的内核。

终于，我们得知地球是实心的，它的内部分为三个部分：最外层是地壳（由岩石组成），中间是地幔（主要由致密的造岩物质组成），最中心的则是地核（由铁、镍元素组成）。

正是由于地壳以及地幔的上层软流圈的存在，地球的表面被分成几个坚硬的部分。直到近代，一个叫魏格纳的天文学家发现了这个秘密，把它们称为“板块”。这些板块是以地质年代为周期不断漂移的，看似缓慢，但是在漫长的地质年代里，各大板块却不断来回地互相撞击或者远离。当几大板块相互撞击时，它们在交界处就会以巨大的力量挤压，开始剧烈的造山运动，进而形成巨大而绵延的山脉；当几大板块互相张裂时，它们原本连接的地方就会形成断层结构，导致陆地表面形成很深的裂谷或者狭长的海峡。因而，对于地球板块漂移、地壳变动以及地球海陆变迁而言，同样可以用“天下大势，分久必合，合久必分”来形容。

地球的表面就这样不断被塑形、改造，发生形形色色的变化。因而，当人类发现这种不可思议的现象后，便用文字记录下来，古语中就有了“高岸为谷，深谷为陵”的表述。因而，在古老的时代流传着“沧海桑田”的神话传说。

不过，除了各大板块的漂移造成的地球面貌被“整容”外，还有更为内在的因素不断在给地球“动手术”。这就是地球内部的巨大热能。在巨大的内压力下，内部的岩层内能累积，在一定的高温下，地球内部岩石被熔化成为滚烫的岩浆。这些岩浆在持续的高温下蒸发，不断从地球的薄弱处和裂缝中寻求“出口”，结果在板块交接的裂缝处或者海洋地壳的薄弱地带，这些具有巨大能量的岩浆迸发出来，大大小小的火山便形成了。地球表面不断在冒着热汽和火焰，这也是古老生命物种灭绝的一个重要原因。

同时，每当火山或地震爆发时，伴随着它们在海水中的能量传播，一场场海啸引发了，有的给地球的带来了巨大的“创伤”。所以，地球的表面不断被这些因素“整容”而不断变化。

地球表面主要分为陆地和海洋，地球上海拔最高的地方是那些高原上的山脉，最低的地方就是海洋中的海沟。然而，在各种地球地质变迁过程中，这两种极端的地貌却会因之而发生“互换”。比如，几亿年前的喜马拉雅山还是一片汪洋大海呢，几亿年后，那里却赫然形成一道突兀的山脉。从前的一些完整大陆却在地壳变动中形成了巨大的“伤口”，那里出现了裂谷，或者当裂谷在海进运动下被海水灌入，形成了海峡，甚至渐渐还会形成更为广阔的海洋。据说，红海至今还在不断扩展。台湾海峡从前与大陆是一个整体，也正是在不断的地壳变动中最终从大陆上割裂出了一道口子，被太平洋的水灌进来，成了今天两岸相望的海峡。

世界上真是“除了变化，没有什么不变”。亿万年来，在地质运动和地壳变动过程中，海洋与陆地随之不断变迁。正因为如此，现代的海洋中才埋葬了古老的陆地的许多秘密，等待着我们一步步去发掘。

# 魔鬼地球面貌如何“整容”

对于地球海陆面貌的认识，我们人类经历了相当漫长的过程。从不断的探险和考察中，人类才一步步发现地球的真实面貌。然而，人类也渐渐更清楚地了解到，我们脚下的地球并非从来就是今天这个面貌。今天的世界，不过是地球在数十亿年来海陆不断通过地震和火山等形形色色的地质变迁造成的结果。我们脚下的陆地是不断漂移的，它始终不断变化着。

## 地球板块像海岛一样漂移吗

在远古的时代，人类认为大地是被四个神兽支撑起来的，或者认为脚下的大地被一只神龟驮着。之后，在漫长的古代，渐渐理性的人们凭着单纯的感觉，总认为“天圆地方”，甚至认为，整个地球就是一块方形的土地，四周被汪洋大海包围着。

但是，古人的想象和感觉并不正确。直到近代航海业发展，尤其是西方哥伦布等人航海旅行之后，人们才蓦然发现，我们的地球是圆的，准确来说，它是个球体。而且陆地并非是一块，也并非被海洋包围。

大约到了明代，意大利传教士来到中国，并绘制出了世界地图《万国坤舆图》。这幅早期的地图，已经大致绘制出了整个地球的面貌。

几大陆块很不规则地陈列着，陆地其间和周围更有广袤的海洋。由此，中国人才开始明白了世界的整体“模样”。

如今，我们都知道地球总共有七大洲、四大洋。不过，有人可能会问：那么，地球原本就是这样的面貌吗？大陆与海洋原本就是这样互相割裂的吗？

从古至今，不少地理学家都思考过这个问题。在 20 世纪初，有一个人躺在病床上发现了这个问题的答案。这个人就是德国的科学家魏格纳。有趣的是，他不是地理学家，也不是什么地质学家，而是天文学博士。但是，就是这位研究天文的天文学博士，偏偏在地质学上建立了伟大的功绩。

他大胆地提出，世界是由几大板块构成的，而且这些板块在不断漂移，在互相碰撞和张裂中，通过漫长的岁月，逐渐形成今天这样不规则的形状。

那么，魏格纳是怎么发现这些的？这是个有趣的故事。

魏格纳是德国人，是天文学博士。1910年的一天，年轻的魏格纳被一场感冒袭倒了，他浑身乏力地躺在病床上。百无聊赖中，他一个人静悄悄地躺在房子内，对面的墙上正好挂着一幅世界地图。半天后，他的目光无意中就落到了对面那幅地图上，他盯着地图看，虽然这幅地图他很早就已经相当熟悉了。

忽然间，他似乎看到了一些奇怪的现象：为什么大西洋两岸的大陆边缘轮廓显得很吻合？如果两者不断靠近，是不是能合成一大整块？

魏格纳的脑子里在一瞬间闪现出了这个问题的画面。他继续盯着这两块大陆，更惊喜地发现，巴西东岸的直角突出部分，正好与非洲西岸凹进大陆的几内亚湾十分吻合。一直往南，巴西海岸几乎每个突出的部分，恰恰与非洲西岸的海湾形成一一巧妙的对应；同样，非洲西岸的突出部位也与巴西东部的海湾形成对应。这仅仅是个偶然吗？

魏格纳再次兴奋地设想：南美洲大陆是不是从前与非洲大陆连在一块？然后由于什么缘故，这个大陆裂开，成了如今的两半？也就是说，从前这两个大陆之间并不存在大西洋，也许是在地球的自转离心力的作用下，导致这块大陆渐渐分裂，太平洋的海水涌进来，中间便形成了大西洋。

这些合理的疑问一下子激起了魏格纳的兴趣。他怀着极大的兴奋面对自己这个新发现和疑问，并开始动手搜寻相关资料。

他唯一的目的，就是要验证自己的这种假设。

第二年，魏格纳开始了探险考察之旅。他先是追踪考察了大西洋两岸的山系和地层，考察的结果让他大吃一惊。北美纽芬兰一带的褶皱山系的地层岩石以及化石，竟与欧洲北部斯堪的纳维亚半岛的褶皱山系地层完全一致，可见两大山系遥遥呼应，意味着北美洲与欧洲两者很早以前也属于一家亲，“骨肉”相连。

另外，美国阿巴拉契亚山的褶皱带的东北端，没入了大西洋，延伸到对岸，竟在英国西部和中欧地带重新出现。非洲西部的岩石几乎也与巴西的岩石区同样古老，在20亿年之后，两者之间的岩石成分、结构和构造都几乎一致。非洲南端的开普勒山脉的地层与南美阿根廷首都布宜诺斯艾利斯附近山脉的地质岩石高度相近，好像它们是来自同一座山系的。

这些具体的地质证据，更加深了魏格纳最初的设想，并在相当程度上给他的设想提供了有力的证据。

他说了一个很简单的比喻：如果将一张报纸撕成两半或者几片，那么之后它们碎裂的毛边，就可以完全吻合地拼接起来，并且两边断裂的文字也会互相拼得完整。由此反过来，如果能将这两片报纸完全拼接起来，就可以完全断定，这两片文字原来是一份完整的报纸。这个报纸的比喻同样适用于地球上的大陆。

这一切暗示着：许多亿年前，浩瀚的大西洋并不存在，地球上也不存在七大洲！这个进一步的设想，几乎要吓住魏格纳本人了。这可是开天辟地般的新发现啊，比哥伦布发现新大陆还要不可思议，如果说出去肯定要震惊整个人类。

为了保险起见，魏格纳进一步研究了其他地方的“证据”。他跑到非洲和印度、澳大利亚等这些大陆之间，发现它们之间的底层构造也存在着联系。而它们的联系发生在2.5亿年之前的底层和构造。看来，不仅仅非洲与南美洲从前是合在一块的。

为了增加证据，魏格纳还考察了那些相吻合大陆上各自的古生物化石，果然，这一发现为他的设想提供了更大的信心。在大陆两边，他分别发现了同样出现在二叠纪的中龙，又在澳大利亚、印度、南美、非洲等这些不同大陆的晚古生代地层中，发现了同样的舌羊齿植物化石。这些动植物化石无不默默地支持着魏格纳的设想和断定：这些动植物原来生活在同一块大陆上，由于大陆的分裂和远离，导致它们同一种群相隔天涯，分布在了异域大陆上了。

1912年，魏格纳对这个设想做了一番演讲，虽然当时有许多顽固的生物学家激烈反对魏格纳提出的大陆曾经连在一起的设想，但是他并没有妥协，而是凭事实和证据说话。在之后考察格陵兰岛时，他进一步通过对冰川分布的考察，再次确信自己最初的推断。后来几次对格陵兰岛与欧洲大陆之间的距离测量，他发现，每年格陵兰岛竟都在远离欧洲而“漂移”，其速度是每年一米！

最终，在1915年，魏格纳顶住外界的压力，完成了一部《海陆的起源》。这部书一问世，立即引起了轰动，震惊了科学界。

在书中他大胆推断：距今大约3亿年前，整个地球上所有的大陆和岛屿都连在一块，即地球上只有一个庞大的原始大陆，叫“泛大陆”，也称为“联合大陆”。泛大陆被包围在一片更加辽阔的原始海洋中。大约距今两亿年时，这块完整的泛大陆先后在多处出现了裂缝。每一裂缝的两侧，逐渐朝着相反的方向移动。最后，随着裂缝扩大，外围的海水侵入，结果就产生了新的海洋。分裂开的陆块在不断各自漂移，形成了如今的陆海分布状态。

然而，尚未研究出这个完整的泛大陆是如何分开的，它们为什么会漂移，魏格纳就在一次暴风雪中遇难而死。自此，他的泛大陆设想与大陆漂移学说渐渐被人遗忘。

大约半个世纪后，20世纪60年代，古地磁学的研究发现，让科学家们认识到了大陆漂移假说的合理性和科学性。

1968年，法国科学家勒皮雄在魏格纳的大陆漂移假设基础上，通过研究大量的地质资料，率先将地球岩石圈划分为六个板块：太平洋板块、欧亚板块、印度洋板块、非洲板块、美洲板块和南极洲板块。

于是，原来的大陆漂移假设就具体变成“六大板块漂移”学说了。在这个学说中，板块指的是岩石圈。岩石圈包括地壳和地幔层，而地壳处在地幔层的软流圈上，因而容易发生移动。

地壳上既有大陆，也有海洋。但是它并非完整的“铁板一块”，而是由一个个大板块构成的。这些板块正是被海洋中脊、大海沟或者巨大断层分割开来。所以，根据这些隐性的“分界线”，才将地球分为六大板块。这些板块都漂流在软流圈上，不断发生着移动。每个板块都相对另一个板块在移动，从而被命名为“板块运动”。

据地质学家们考察，这些板块之间大约每年水平移动1到6厘米的距离。听起来这个速度很微小，但是在漫长的时间中，尤其是经过亿万年的地质时期，这些运动就会积累起来，从而造成地球的海陆面貌变化巨大，甚至面目全非。

板块在运动中，它们之间注定会互相发生远离和挤压。当两个板块渐渐远离时，在分离的地方，就会出现巨大的裂谷或海洋。比如，大西洋与东非大裂谷，正好是两块大陆板块分离后渐渐造成的。

当两个板块互相靠近，进而发生碰撞挤压时，在挤压的地方就会拱出一道巍峨的山脉。据考察，中国西南边疆的喜马拉雅山，正是在三千万年前因南边的印度板块与北边的亚欧板块“亲密接触”而产生的“结晶”。

当然，还有另一种情形。当两大坚硬的板块互相撞击时，接触部位的岩层没有发生弯曲变形，而导致一个板块斜向下深深插入另一个板块的底部。由于碰撞时的力量很强烈，导致插入的部位相当深，结果是板块上部的老岩层蹿到高温的地幔中，进而被熔化。在板块向下插入的凹下部分，就形成了极深的海沟。据考察，西太平洋底部的不少海沟，就是这样形成的。

根据板块运动学说，海洋也会有诞生有消失，也可能由大变小，能由小变大，总之海洋是不断变化的。几大板块靠近后，海洋消失的地方，就变成了陆地或者山脉；板块分离时，就会形成裂谷或者海洋，也就是说陆地或山脉变成了山谷和海洋。随着板块的不断运动，陆地、山脉、裂谷、海洋，它们是不断转换的。

通常，板块运动造成的裂谷，就是大洋的胚胎期，比如东非大裂谷，若干年后它很有可能变成另一片大洋。当其他海域的海水灌入裂谷中，而裂谷在不断扩展时，这时候它就成长为大洋的幼年期了，比如著名的红海和亚丁湾。随着时间的推移，当狭长的海湾或海峡不断扩展到一定面积后，它就成了大洋的成年期了，比如今天的大西洋。如果成年的大洋继续扩展到一定广度，随着板块的运动，这个大洋就发展到了顶峰，进而也就到了它的衰老期了，它就要慢慢缩小了。最后，等到漫长的岁月后，这片大洋不断缩小成为一片内海时，这就成了大洋的终期了。比如今天的地中海，它原来是一片大洋，如今却被大陆包围，成了狭小的内海，可能再过若干年，这个内海就会消失，变成一块名副其实的大陆。

可见，大洋也会有生有灭，它会从大陆变成裂谷，进而变成海峡，再变成成年海洋，然后再缩小，成为内海，最终消失，再度变成大陆。在板块运动中，地球上的一部分海陆就是这样不断变化着。

大洋的生成变化与大陆板块的分合是相对应的。还在寒武纪时，地球上只有一块联合的泛大陆，周围也只有一片汪洋大海。大约到了中生代早期时，在板块内部的运动下，这块泛大陆分裂了，变成了南北两块古大陆。地质学家将北部大陆命名为“劳亚古陆”，将南部的大陆命名为“冈瓦纳古陆”。

到了三叠纪末期，这两块古大陆依旧“不合”，继续发生分裂，互相漂移远离，相距越来越远，大陆之间的空隙，由于外缘海水的灌入，变成了海峡，进而扩展成了现代的印度洋和大西洋。

时至新生代，因为印度大陆已经“北漂”到了亚欧大陆的南端，两者不慎“亲密接触”，发生了激烈的撞击。于是在发生“事故”的地方，形成了世界海拔最高的地貌——青藏高原，青藏高原上更形成了巍峨的喜马拉雅山系，由此，古地中海的东部消失，意味着地中海面积在缩小。非洲板块继续向北漂移，导致古地中海的空间被再度“挤占”，结果就形成了今天这样规模的地中海。

与此同时，欧洲南部则由于板块挤压，形成了巨大的阿尔卑斯山脉。而南、北美洲在向西不断漂移的过程中，它们的前缘与太平洋板块的地壳挤压，从而造成长长的隆起，成为科迪勒拉—安第斯山系。同时，在巴拿马海峡处，两大美洲大陆相接，澳大利亚大陆则与南极洲大陆发生断裂，向东北一路漂移到今天的位置。

经过这一番的运动、碰撞、挤压、断裂、远离，地球上的海陆轮廓就变成了今天这个样子。也许，近千年的人类文明高速发展，海陆面目似乎没什么改变，事实上，海陆已经在漫长的地质时期里，发生过巨大而复杂的变化，只是人类没有幸运地看到而已。

那么，为什么这几大板块会发生运动和相对位移呢？是什么力量促使它们在这样来回“折腾”？

近现代的一些科学家考察研究发现，板块不断运动的驱动力应该来自地球内部的热能，尤其是地幔高温的物质对流。通常，大洋中脊就是地幔对流上升的地方，从而使地幔物质不断向上涌出，进而冷却凝结成新的大洋地壳。此后新涌出的热流继续把先前形成的新大洋壳以每年 0.5 ~ 5 厘米的速度向两侧推移，从而扩张。这样，大洋地壳遇到大陆地壳时，因地势低，就会俯冲到地幔中。在俯冲的地带，形成很深的海沟。

这样，由于海底的大洋地壳扩张，推动大陆板块移动，板块间不断发生交错关系，加上软流圈的不稳定，板块始终处在运动之中，地球上整个海陆面貌也就随之不断变化，甚至是往复循环。

当然，这个变化周期是相当漫长的。也许在人类文明诞生之前，这样的循环变化经过许多回了。

## 地震与火山：气势磅礴的地壳运动

在地球上，我们人类曾目睹和经历过无数次地震和火山爆发，也曾遭受到不幸与灾难。

古代人以为这是上天降下的惩罚，但是如今现代人已经明白，这不过是客观的地壳运动造成的局面。而且，在漫长的岁月里，正是这些形形色色的地壳运动，导致地球面目不断发生变化，沧海变成桑田。而庞大的地壳运动，是海陆不断变迁的一个重要原因。

那么，什么是地壳呢？地壳运动又是怎么一回事？通常，我们把地球坚硬的外层，称作地壳，地壳是由各种不同成分的岩石构成的。而地理学上，将地壳及其组成物质岩石相对某一参照物发生的位置变化，称为"地壳运动"。当然，通常也可以说，地球表层相对于地球本体的运动，就是"地壳运动"。实际上，它指的也是岩石圈相对于软流圈以下的地球内部的运动。

属于岩石圈的地壳之所以会运动，跟软流圈有关。原来，岩石圈下面有一层与硬壳表层不同的很软的岩石层，它很容易发生变形，因而称为"软流圈"。软流圈上面的硬壳表层通常有两个部分：一个是顶层的地壳，稍下便是上地幔顶部。地壳与上地幔顶部紧密结合，共同形成岩石圈，并在软流圈上不断位移滑动。打个比方，就像是船只在海面上随波逐流一样，当然地壳岩石圈并非船只那么小，它是覆盖在整个软流圈上的，面积几乎跟软流圈一样大。

此外，由于地壳的结构是不均匀的，有些地方比较坚硬，有些地方却很薄弱。地壳内部的物质承受着巨大压力，酝酿着相当的高温能量。当内部物质遇到地壳相对薄弱的地方，它们便以高温的岩浆形式乘机喷涌而出，要么在陆地上，要么在海底。等到这些喷涌出的岩浆冷却后，变成火成岩。此后，岩浆不断从这个暴露的火山口喷出，这些新的岩石又会不断挤压周围的岩石和地层，将它们不断推向两侧。于是，长年累月下来，这就是地壳在缓慢变化以及大陆漂移的缘故。

在地球内力和外力的作用下，岩石圈经常处于运动状态，难以保持平静的状态，这也是地壳运动的根源。

其实，不仅是位置变化，还包括风化作用对地壳以及岩石的剥蚀、搬运等作用，同样也都属于地壳运动。而地壳与组成物质岩石的变形，及海拔高度的变化，统统都是由于地壳运动作用而形成的。比如，地球表面上的高山、盆地、火山、岛弧、断层、褶皱、洋脊、海沟都是地壳运动的产物。另外，地壳不断运动，还造成大陆漂移、海陆的升沉以及地震、火山，它犹如这些地质现象的“幕后推手”。

地壳运动根据不同的标准，可以划分为不同的种类。如果按照运动方向，可以将地壳运动分为两种：水平运动和垂直运动。

地壳的水平运动，就是指组成地壳的岩层，沿着平行于地球表面的方向发生的位移变化。这种地壳水平运动最容易造成山脉的形成，因而也叫造山运动或褶皱运动。

垂直运动，也被称为升降运动，即地壳上下运动，岩层表现为隆起或下降，从而形成高原、断块山及盆地和平原，还会引发大规模的海侵和海退，导致海陆变迁。由于它容易形成陆地和高原，因而也称为“造陆运动”。

不过，从整个地质史来看，地壳运动以剧烈的水平运动为主，垂直运动大多是在水平运动过程中派生的，因而其影响力稍逊于水平运动。

对于地壳运动，不管是垂直运动还是水平运动，它们共同主宰着地球表面上的海陆分布，对各种地质作用的形成和发展产生极大影响，改变岩层的原始状态，致使沉积岩层发生弯曲或者裂缝、断裂，最终留下永久性的痕迹，由此形成地质构造，不断改变着海陆面貌。

因此，地壳运动也被称为“地质构造运动”。所谓地质构造，就是由地壳运动引起的岩石圈发生变形或变位的形迹。可见，地壳运动是形成地质构造的原因，而地质构造便是地壳运动产生的最终局面。

如果从运动的速度来看，地壳运动又可划分为两大类。

一类是缓慢的长期构造运动，比如古大陆的分裂和漂移，海洋与陆地的形成，造成山脉与盆谷的造山运动，以及地球自转速度与地球扁率的缓慢变化，它们都是以百万年的时间尺度来衡量的。还有，冰期的消失、地球冰盖、冰山消融造成的地面升降，也是相当缓慢的。

另一类则是明显的快速运动。这种地壳运动通常发生在几小时内，或者按年计算。太阳和月亮的引潮力，不仅会形成潮汐，还会形成一种固体潮，使得固体地球表面在一昼夜间发生几十厘米的起伏变化。还有强烈的地震、火山、海啸，会引起地球自由震动，从而使地球表面发生变形。

在所有的地壳运动中，最剧烈、最明显的形式，就是地震和火山运动。

地震也叫地动或地振动，通常是地壳运动在快速释放能量过程中，造成大地强烈振动的自然现象，同时还会产生一种具有强大破坏力的地震波。

据统计，每年全世界发生的地震有500多万次，其中大地震不下几十次，小地震居多。地震发生的时候，很容易造成地球表面坍塌、断裂，如果发生在人类聚居地，必然是一场灾难，房屋建筑倒塌，以及大量的人口丧命，甚至还能引发海啸、滑坡、崩塌等灾害。

其实，地震不仅仅发生在地壳层里，它有时还会深入到软流圈中。按照地震部门的划分，深源地震可以发生在地下300 ~ 700千米深处。而历史上发生最深的地震震源为720千米。

另外，有一些超级地震足以给大地造成巨大的变形。超级地震通常震波相当强烈，造成的破坏力度相当原子弹的好几倍。因而，一旦发生超级地震，地球岩石圈以及地球表面都会造成严重的地质变形。

距离震源最近的那一点，通常被称为“震中”，通常指是发生震动最早的地方。震中到震源的距离称为震源深度。一般情况下，给地球表面造成破坏明显的，大都是浅源地震。震源越浅，破坏越大，即使地震波一般。但是，它没有深源地震影响波及的范围大。地震波其实就是地震时从震源处释放出的内部能量。释放的能量越大，无疑会给地壳与地球表面造成的变形和破坏越大。

据说，轻微地震释放出的能量至少也有 $10^3$~$10^8$ 焦耳，足以将一万吨的物体抬高 1 米。如果遇上 8.5 级的大地震，它可以释放出 $3.6 \times 10^{17}$ 焦耳的能量，几乎要比一颗氢弹爆炸时释放的能量还大，换算一下，相当于 100 万千瓦的发电站连续 10 年的发电总电量总和。可见，地震释放的能量会给地壳和地球表面产生巨大的影响。

不过地震发生的地方不是随便冒出来的，而是具有一定的规律性，即总是发生在相对固定的地震带。据科学家考察，这些地震带大多分布在全球各大板块的交界处。尤其是在板块之间的消亡边界，是地震最活跃的地方。

从全球范围来看，大的地震带总共有三个。

首先是环太平洋地震带，这个地震带几乎环绕着整个太平洋板块，延伸的部位包括南美洲和北美洲太平洋沿岸、阿留申群岛、堪察加半岛、千岛群岛、日本列岛再到菲律宾转向东南直至新西兰，等等。同时，它也是地球上地震发生最频繁的地方，大约全球 80% 以上的地震都集中在了这里。因而，这个地带的地形地貌也会随着地震而发生不同程度的变化。

这个地震带的地震之所以如此猖獗，是因为它恰恰处在了世界各大板块的交界处，包括太平洋板块和美洲板块、亚欧板块、印度洋板块的边界，南极洲板块和美洲板块的消亡边界上。

第二大地震带当数欧亚地震带了。这个地震带的延伸主要从印度尼西亚西部、缅甸经中国横断山脉、喜马拉雅山脉、越过帕米尔高原，经中亚细亚到达地中海及其沿岸。它刚好处在亚欧板块和非洲板块、印度洋板块的消亡边界上。

第三大地震带就是中洋脊地震带了，它主要发生在各大洋海底，包括了世界三大洋——太平洋、大西洋、印度洋和北极海的中洋脊。由于大洋地壳比较薄，因而，这一带的地震通常都是浅源地震。

中国的地震大多发生在环太平洋地震带的部位上，主要是台湾、西南地区、华东地区、华北地区、东南沿海地区。另外，中国还靠近欧亚地震带，所以西北地区也时常发生大小不同的地震。

总之，频繁的大大小小的地震发生，总会给地壳造成不小的变形，给地面表层造成巨大的破坏，有时海水上涨，或者陆地下沉，形成一定程度的海陆变迁。

至于火山爆发，它与地震不同的是，通常发生地震之前，火山爆发属于纵向喷涌，而不是横向传播，威力和破坏力也就没有地震那么大。当然，也不排除有时它们也会同时爆发。火山、地震一旦"联手"起来，给地壳造成的变形破坏就更大了。

火山通常是由固体碎屑、熔岩流或穹状喷出物围绕着其喷出口堆积而成的隆起的丘或山。其喷出口是一条由地球上地幔或岩石圈到地表的管道。火山物质喷出地表后，大部分会堆积在火山口附近，有一些微粒则被大气携带到高处而扩散到遥远的地方。

火山在地球上出现，已经有很悠久的历史了。有些火山在人类诞生前就喷发过，但如今已经寂灭，这样的火山叫"死火山"。有些火山在人类有史以来喷发过，而后来长期"沉默"，变得相对静止的火山，仍然具有火山活动的能力，但不能判断是否会爆发，这样的火山则叫“休眠火山”。另外，在人类有史以来，不时地喷发的火山，处于活跃状态的，就叫“活火山”。

至今，全球已知的死火山很多，大约有 2000 座；已发现的活火山，大约有 523 座，其中陆地火山有 45 座，海底火山有 68 座。

地球上的火山分布是不均匀的，它们主要还是出现在地壳的断裂带上。

就世界范围来看，火山主要分布在环太平洋一带和印度尼西亚向北经缅甸、喜马拉雅山脉、中亚、西亚到地中海一带，据考察，现今地球上 99% 的火山喷发都出现在这两个带上。

那么，火山是怎么形成的？它为什么会喷发？

原来，在距离地面 100 ~ 150 千米处，有一个“液态区”，称为软流层，存在着大量的高温液体。其温度之高完全可以熔化大部分的岩石，形成熔融状的硅酸盐物质。它们有另一个名称，叫“岩浆”。在高温、高压下，这些岩石在熔化变成熔融状态的岩浆时，就会膨胀，从而需要更大的空间。

于是，它们会在地壳内部“寻找出路”。地壳薄弱环节和地段，通常是寻找出口的最佳部位。同时，那些隆起的山脉下面的压力较小，因而会给岩浆暂时提供一座“熔岩库”。大量的岩浆越积越多，加上高温下气体物质的膨胀，岩浆物质就会循着薄弱的裂缝处上升。

当熔岩库里气压大于岩石顶盖的压力时，火山就开始了它壮观无比的瞬间喷发。大量的岩浆物质堆积在地表开口的周围，形成锥形山，它们冷却后主要是火成岩。而锥形山顶部的洼陷部位，便是“火山口”了。之后，如果这个火山内部的能量集聚到一定程度，这个火山口还会是下一次火山喷发的出口。

另外，地壳内部的岩浆的结晶，发生其他化学反应，产生一些气体，在高温下，就会形成膨胀挤压力，进而也会使这些液体和气体一同向外喷发，最终从地表薄弱处冒出。

至于海底火山，它们大多从海沟这些板块交界处的薄弱地段喷发，聚积的冷却岩层进而不断将板块向两侧推动，致使板块发生缓慢的漂移。有时，海底火山会引发巨大海啸，地壳和海水整体波动，进而使海水上涨，最终淹没和冲毁沿岸的陆地，改变地表面貌。

总之，形形色色的地壳运动，尤其是地震和火山喷发，不仅改变地质构造，还会导致地球表面产生巨大的面貌变化，陆地塌陷，海水上涨等。在亿万年的海陆变迁中，它们有着不可忽视的“功劳”。

## 从海中升起的喜马拉雅山

喜马拉雅山的名字，是从古印度的梵语音译的，意思是“雪域”，在藏语中的意思则是“雪的故乡”。可见，喜马拉雅山在古人心中跟雪分不开。喜马拉雅山海拔很高，山上终年积雪，所以才有这样的称谓。

其实，这也与喜马拉雅山的地理位置有关。喜马拉雅山位于世界屋脊——青藏高原上，站得高，自然很容易就成为世界上海拔最高的山脉。据说，其中超过110座的山峰海拔在7350米以上，更不用说世界上那座最高的山峰——珠穆朗玛峰了。

这座伟岸的山脉，也是东亚大陆与南亚次大陆的天然界山。

然而，据地质学家考察，这座世界上最高的山脉，在若干年前竟是一片汪洋大海。确切地说，喜马拉雅山是从海底中冒出来的！

这不是传说，也不是猜测，而是科学推断。

地质学家考察得知，大约在2亿年前的时候，包括喜马拉雅山在内的青藏高原，并非今天这般宏伟地矗立在地球表面上，这片广大的区域，是一片无边无际的汪洋大海。在地质史上，它被称为“古地中海”，跟今天的地中海没关系。

在经历了漫长的地质时期，原来的那块泛大陆在地球内部力量的推动，以及地球自转离心力的影响下，慢慢出现板块漂移。在侏罗纪中期时，最初联合的整个大陆——盘古大陆开始分裂，进而出现了南北两大陆块：冈瓦纳大陆和劳伦西亚大陆。

此时需要一提的是，北部的劳伦西亚大陆上，亚欧大陆与北美洲还连在一起。

大约到了白垩纪早期，即 1.37 亿年前，南大陆——冈瓦纳大陆开始不断变得破碎，导致南大洋的张裂，南美洲与非洲开始被分割开来。同时，印度大陆和马达加斯加分别从南极洲漂移开来，并加速向北漂移。

北部的劳伦西亚大陆出现分裂，北美洲往北方漂移，欧亚大陆则向南移动，两者开始分道扬镳。而后，南美洲、南极洲、澳大利亚相继脱离非洲，南大西洋与印度洋也开始出现。这些板块不断运动，在互相撞击的过程中，造成一系列海底山脉，从而导致全球性的海平面上升。在白垩纪海平面最高的日子，地球表面大约有 1 / 3 的陆地浸没在海洋下面。

到了新生代，这是个板块运动最为剧烈的时期，地壳运动频繁。大约在 5000 多万年前，北美与格陵兰岛从欧洲大陆分离开来，而处在南面的印度大陆则向北漂移，平均每年漂移 6 ~ 12 厘米。

与此同时，古地中海随着地壳运动，不断下降，在漫长的地质构造过程中，海盆里堆积了厚达 3 万多米的沉积岩层。

大约过了 2000 万年，漂移中的印度大陆与欧亚大陆终于暗地里“相吻”了。已经变得狭窄的古地中海更加缩小了，处在两个板块的夹缝之间。

在相撞之际，由于欧亚大陆板块地势较高，结果地势较低的印度板块从古地中海的部位嵌入到欧亚板块的下面，从而抬升了欧亚大陆的边缘。狭小的地中海被挤得没有存在空间了。而就在迅速隆起的地方，便形成了一座海拔较高的高原，它就是后来具有"世界屋脊"和"地球第三极"之称的青藏高原。

接着，在两地板块相撞的地方，交界的底部受到强烈的挤压，产生了褶皱，进而隆起成为一道高山，就是现在的喜马拉雅山脉。

实际上，这块新生的高原陆地，在大约 240 万 ~ 340 万年前才进入了剧烈的隆升时期，后来青藏高原才渐渐成为世界上最年轻的"大个子"高原。

由于这个时期地壳运动以两大板块相撞形成喜马拉雅山脉最为明显，也以此造山运动作为标志，因而地质史上，这段地壳运动被称为"喜马拉雅运动"。

结果，那片原来浩瀚的古地中海从此就完全消失了，从那个地方出现了巍峨的青藏高原，以及高原上气势磅礴的喜马拉雅山脉。

其实，整个喜马拉雅运动具体还可分为早、晚两个阶段。

早期的喜马拉雅运动，主要表现为印度板块与亚洲大陆之间沿着雅鲁藏布江缝合线，发生了一场强烈的"碰触"。结果，喜马拉雅地槽因封闭而产生剧烈的褶皱，变成了高海拔的陆地，导致印度大陆与亚洲大陆合并相连。与此同时，中国东部与太平洋板块之间则互相远离而发生分裂，导致海盆迅速下沉。

相比早期那场运动，晚喜马拉雅运动显得更为关键。这阶段，印度洋板块也来凑热闹了，加入了这场运动当中。

在亚欧板块、太平洋板块、印度板块三大板块的"三国鼎立"般相互作用下，它们之间发生了剧烈的差异性升降运动。结果，致使中国地势出现了大规模的高低差异：西高东低。这种差异运动的强度不断使得自东向西由弱变强，地势差异也越来越明显。

同时，因为印度洋不断扩张，将坚硬的印度板块不断向北推动，从而使其沿着雅鲁藏布江缝合线向亚洲大陆南缘撞击，进而在印度板块的俯冲挤压下，导致交界处的喜马拉雅山以及广大的青藏高原大幅度抬升。

这还没结束，印度板块持续以小的倾角俯冲于亚欧板块之下的强大挤压力，在北面却碰到一根“钉子”。这根“钉子”就是固结历史悠久的刚性地块——塔里木、中朝、扬子等，在此遇到了它们的抵抗，由此产生了强大的反作用力，从而导致构造作用力高度集中，进而造成地壳的重叠，加剧了上地幔物质运动和深层及表层构造运动，最终使得地壳迅速加厚，促使广大的地表大幅度急速抬升，最终，便形成了如今雄伟的青藏高原，从而构成我国地形的第一阶梯。

不过，经地质考察证明，喜马拉雅的构造运动并没有就此结束，在后来的第四纪冰期后，青藏高原与喜马拉雅山又升高了大约 1300 ~ 1500 米。其实，喜马拉雅山现在还在缓缓地上升。

总之，从新生代以来，大约到了 2000 万年前，各个大陆板块变得支离破碎，渐渐出现了各大洲。大约在几万年前，六大板块算是正式形成，但是它们的分布与今天还有些不同。

此后，六大板块不断在继续漂移，各大板块依旧互相撞击或分裂，高山、盆谷、海沟不断消长。东非大裂谷的形成，红海的张裂和扩展，日本海的扩张，都构成了今天地球的面貌。

另外，在喜马拉雅山脉的藏族广泛流传着一个传说，跟喜马拉雅山的形成有关。

传说远古时期以前，这里并没有什么高山，而是一片无垠的大海。海岸周围生长着松柏、铁杉和棕榈等一片莽莽森林，每天，巨大的海浪拍击着海岸的树林，发出哗哗的响声。

在这片森林上，缭绕着层层云雾，森林里树木丛生，百花盛开，成群的飞禽走兽在这里生活，一切都那么和谐。一天，从大海里突然冒出了一条长着五颗脑袋的巨大毒龙，毒龙爬上了岸，闯进了森林，四处捣乱，肆意蹂躏花草树木，任意吞食那些动物，无法无天。

众多的飞禽走兽都感到恐惧，纷纷东逃西躲。然而，当它们逃到海边时，却发现无路可走。就在此时，大海的上空忽然飘来了五朵彩云，化成了五位仙女。她们下降到了海边，施展法力，一下子制服了毒龙。

森林里的动物纷纷感激这五位仙子的救命之恩，对她们顶礼膜拜。这些仙女本想回到天庭，谁知这些动物们苦苦哀求，希望她们能留下来，保护森林的安全。

五位仁慈的仙女终于答应它们的要求，留了下来，共享太平之日。这五位仙女施展法力，一下子抽干了这片大海的水，东边化成了一片繁茂的森林，西边变成了万顷良田，南边变成了郁郁葱葱的花园，北边则变成了一望无垠的牧场。

那五位仙女也纷纷化成了五座山峰——祥寿仙女峰、翠颜仙女峰、贞慧仙女峰、冠咏仙女峰、施仁仙女峰。它们屹立在西南部的边缘上，守卫着这片幸福的乐园。而那五座山峰，便是喜马拉雅山的五座主峰，其中的翠颜仙女峰，就是著名的珠穆朗玛峰，成为如今世界上的最高峰，当地百姓都亲切称为"神女峰"。

虽说这个传说有些荒诞，但是从故事中可以得知，喜马拉雅山在远古时期的确是一片海洋，后来才变成了具有五座主峰的高大山脉。

今天的地质考察和推断，正好从科学的角度印证了这个有趣传说的真实性。这个神话并非空穴来风，而是根据喜马拉雅山形成的神话想象罢了。

总而言之，喜马拉雅山的"身世"我们已经明确，它是因两大板块的撞击下，致使广袤的古地中海消失，而最终形成的。因而不得不说，世界上最宏伟的喜马拉雅山脉并非从来就有的，它是从原来的海洋中诞生出来的。

据科学家考察，至今这两大板块还在互相暗地里“较劲”，它们每年以5.08厘米的速度在抵触和挤压，从而使得喜马拉雅山不断继续抬升，而它的那座最高的主峰——珠穆朗玛峰也以平均每年1.27厘米的速度在“长个子”。

# 高岸为谷，深谷为陵

俗话说“30 年河东，30 年河西”，原意是说，30 年前一条河在东边流淌，30 年后那条河可能会改道成在西边流。这说明大地上的一切并非固守不变，而是在不断变化的。早在古老的《诗经》中也有类似的描述：“高岸为谷，深谷为陵。”就说是高山会变成深谷，深谷会变成丘陵。

事实上，从今天的地理科学来看，这些正是由造山运动和造陆运动等这些地质活动后造成的地形面貌。在剧烈的地质运动下，在漫长的地质史中，几乎每隔一段时期，地球面貌都会发生巨大的变化。恐怕谁也没料到，台湾海峡在遥远的古代，其实是一块大陆。

## 造山运动：地壳的水平运动

自从地球诞生以来，位于软流层上的整个表层的地壳就在不断地运动，至今也是如此。它的运动既有剧烈的水平运动，也有规模巨大的垂直运动。正是这两种不同的运动，不断塑造着地球表面千变万化的形貌。

今天，人们可以通过对陆地距离的测量来证明地壳的确在运动。比如，科学家测量格林尼治与华盛顿两地的距离并不是固定不变，它的数值每年都减小 0.7 米。也就是说，这两块大陆在渐渐靠近，它们每年以 0.7 米的速度相向位移，似乎要在某个时刻“邂逅”。

科学家也以此推断，如果它们如果这样持续下去，大约 1 亿年后，大西洋就会消失，欧亚大陆与美洲大陆就会邂逅。不过，这个邂逅并非是浪漫的，相反却是致命的。因为它肯定会造成一场巨大的造山运动，甚至会引发地震、火山等地质现象。

那么，什么是造山运动？造山运动就是指地壳局部受力，岩石急剧变形而大规模隆起形成山脉的运动，仅影响地壳局部的狭长地带。

相邻的几个板块不断发生相互的运动和移动，它们之间最常发生的运动方式就是互相碰撞，从而形成一条聚合板块界线。碰撞时，强大的力量会大幅度抬升地层，或者是部分地发生层倾斜或褶皱等现象，进而造成高大的山脉。同时，还有大规模的逆断层及其他断层作用发生，有时加上火成岩的入侵和变质作用，有时也会产生岩浆，进而产生火山活动，造成一系列的火山喷发现象。

几乎每一场造山运动都是相当壮观而剧烈的，但它需要经过漫长的地质时期演变，经过一步步酝酿和积累，才会在某个时刻发生一次。

据地质考察，地球上发生的造山运动，规模大的至少有三次。第一次造山运动，大约在3000万年前的第三纪，这是地球进入新的活动时期，就在印度板块与亚欧板块交界处，发生异常剧烈的喜马拉雅造山运动，从而诞生了“世界屋脊”——青藏高原和宏伟的喜马拉雅山脉。

大约在60万年～1500万年前，亚洲东北部长白山区又出现了地壳剧烈活动的时期，地质史上称为“白头山期”。

最后一次造山运动，是发生在东亚大陆的燕山运动，从而形成了蒙古高原和更远的西伯利亚高原。这场造山运动大约从1.34亿年前开始，持续到6500万年前左右，大约直到白垩纪末期才基本结束。

从地壳运动的方向来看，造山运动通常属于水平运动的结果，即地壳或岩石圈物质大致沿地球表面切线方向进行的运动。这种运动主要表现为岩石水平方向的挤压和拉伸，从而产生水平方向的位移以及形成褶皱和断裂，在地质构造上结果就会形成一系列的巨大的褶皱山系和地堑、裂谷等。

这种因地壳局部受力，岩石急剧变形而大规模隆起形成山脉的运动，并不会在四面八方形成，往往只会影响地壳局部的狭长地带。一旦发生，整个造山运动速度快，幅度大，范围广，造成地势巨大变化。同时，由于水平方向上的位移，随着岩层的强烈挤压和变形，必然会形成复杂的褶皱和断裂构造。

因而，明显的褶皱、断裂、岩浆活动和变质作用，都是造山运动的主要标志。

正因为如此，世界上的火山带与岛弧造山带的分布几乎一致。

通常，地槽属于地壳不稳定区，大致呈现带状分布。在早期，它们曾强烈下降；到晚期，因剧烈运动而上升，最终形成了一道道高大的山系和峡谷，也就是地质学上的“褶皱带”。

地槽往往围绕或分隔着地台，呈一条狭长的带状。根据现代板块构造理论，地槽通常是各大板块的边缘部分，每当板块运动时，相邻的板块之间产生挤压碰撞，很容易形成岛弧和山系，而这些山体或岛弧就会成为板块之间新的界限。

在地貌塑造上，这种运动主要表现为高大的山系、链状岛弧和伴生的深海，比如著名的喜马拉雅山系及西太平洋岛弧带。

造山运动往往会造成长弧状的结构，也被称为“造山带”。此外，还会产生另外一种“隐没带”。隐没带就是地壳进入地函熔融后产生火山，并形成岛弧的区域。地球分为地壳、地函与地核三层，地函紧接地壳下面厚约2900千米，约占地球总体积的80%。

通常，造山带会出现许多漫长的平行带状岩石构造，并且这些构造都有类似的地质特征，即造山带与隐没带大多会一同出现。

之所以会出现弧状结构，这主要与板块的刚性和岛弧的尖端与下沉岩石圈的裂缝有很大的关系。而且，在造山运动中，这些岛弧往往会与大陆合并在一起，成为大陆的边缘。

当然，由于造山运动不同的方式，从而形成两种不同的造山带，一种是碰撞造山带，另一种则是非碰撞造山带。

通常，造山带的形成属于板块隐没作用过程的一部分。如果是两个或更多的大陆地壳直接碰撞，发生挤压，就很容易形成“碰撞造山带”。如果是海洋地壳与大陆地壳相遇，由于海洋地壳地势较低，因而很容易插入到大陆地壳的下面，抬升大陆，形成山脉。这种情形就属于非碰撞造山带。

当然，造山运动并非一蹴而就的，它其实是经过漫长地质时期的酝酿和累积，至少要经过长达几千万年的板块漂移，然后才会将一片平原或海床变成耸立的山地。

造山运动生成的山脉高度，是受限制的，至少与地壳均衡原理有关。均衡原理是由较轻的大陆地壳组成的山脉的向下重力和较重的地函对山脉施加的向上浮力的平衡。假如是两个大陆板块碰撞进行的造山运动，就很可能产生海拔极高的山脉。

在一场造山运动之后，它所形成的地壳岩石必然会发生严重的扭曲和变质作用。在运动时深埋在地下的岩石可能会被迫推升到地面，露出地表。而海底或靠近海岸的物质则会将部分或整个造山带的区域掩盖掉。

一场造山运动发生后，往往会形成两大显著的地质构造：一个是褶皱，一个是断层。

褶皱就是在岩层受到地壳运动产生的剧烈挤压作用时，使得中央部分发生弯曲变形，形成隆起的地质构造。每当地壳发生褶皱隆起时，一般都会形成山脉。实际上，地球上许多高大连绵的山脉，如阿尔卑斯山脉、喜马拉雅山脉、安第斯山脉，都是褶皱山脉。它们无不是在板块的交界处，由于碰撞挤压而造成的结果。

另外，褶皱还分为两种基本形态：一个是背斜岩层，一个是向斜岩层。背斜岩层通常会向上拱起，而向斜岩层则相反，往往会向下弯曲。在形成的地貌来看，背斜往往会形成山岭，而向斜则变成谷底或盆地。不过，有一个普遍现象是，不少的褶皱构造背斜顶部由于张力的作用下，容易被侵蚀成谷底；而向斜的槽部因为受到挤压，致使岩石变得坚硬而不容易被侵蚀，所以最后反而会形成山岭。

至于断层，则是因为地壳运动产生的压力或张力过于强大，完全超过了岩石所能承受的程度，结果导致岩体破裂。岩体一旦发生破裂，就会沿着断裂面两侧岩块发生明显的错动、位移，这就是地质构造上的断层。

断层通常也分为两种基本形态：一种是地垒，一种是地堑。通常情况下，岩层中间凸起而两侧陷落的，就是地垒。相反，岩层中间陷落而两侧凸起的，就属于地堑。

从形成的地貌上来看，规模比较大的断层，往往会形成裂谷或者陡崖。比如著名的东非大裂谷属于地堑，而中国华山北坡的断崖，则属于地垒。断层一侧上升的岩块，往往会形成高地或块状山地，即地垒，比如中国的泰山、庐山等。断层另一侧相对下降的岩块，往往会形成低地或者谷地，即地堑，比如中国的渭河平原和汾河谷地。

在断层构造地带上，由于岩石并不完整，多为破碎状，因而容易受到风化侵蚀，结果，这里会常常发育出许多沟谷与河流。

虽然造山运动对一块岩层地质构造与地形地貌起到决定性作用，但是除此之外，山地与盆谷的形成，还有其他的作用，重要的比如沉积作用与侵蚀作用。

这两种性质相反的作用可以通过反复多次的沉积和侵蚀作用，不断进行循环，然后通过掩埋和变质作用，再与花岗岩岩基形成构造上升，最终才形成了山脉。这个漫长的过程，就叫“造山循环”。

比如，志留纪和泥盆纪时期发生的加里东造山运动就是源于劳伦大陆和阿瓦隆尼亚大陆以及其他大陆的碎块。整个加里东造山运动，就来自这些事件和其他特殊的造山运动循环。

总而言之，在长久地改变地质构造和地表面貌中，造山运动起着关键的作用。而造山带则是造山运动循环的一部分。此外，虽不显眼的沉积和侵蚀作用也不可小觑，它们也是整个造山循环相当重要的部分。

那么侵蚀作用是什么呢？侵蚀作用主要是通过风力或水流的冲击力而发生的，因而也可分为风化和冲蚀两类。长年不断的侵蚀作用，会大量移除山地的物质，致使地面下数千米的变质岩出现在地表，从而露出山脉的根部。而且，这种侵蚀作用，还会因发展中造山带地壳均衡的浮力平衡的帮助，加速进行。因而，一个规模不太大的造山带，很可能会因为这种侵蚀作用而彻底消失，甚至还会变成谷底。

至于沉积作用，同样源于风力和水流。只不过相反的是，沉积作用正好是之前风力和水流造成的侵蚀作用发生后造成的。当侵蚀作用将大量的岩石碎片源源不断地带到另一个地势凹陷的山谷或盆地，久而久之，这里就会积聚大量的岩层，正如积沙成塔，原来的谷底或盆地因为长久的沉积作用，变成了高原，甚至变成了一座山地。

可见，最终形成的地貌，还是沉积作用和侵蚀作用对地表岩层“搬运”的结果。

当然，整体而言，对于高山和盆谷地貌的形成，造山运动起着决定作用，而沉积和侵蚀作用则起着重要的辅助作用，它们共同造就着地球上的海陆变迁。

## 造陆运动：地壳的垂直运动

在地壳运动中，与水平方向的造山运动恰恰相对应的，就是造陆运动。

那么，什么是造陆运动？造陆运动也叫垂直运动、升降运动，与造山运动的方向刚好相反。通常是由于地壳内部的变化，导致地壳不断进行非常缓慢的升降运动，从而使陆地出现大曲度半径的舒缓褶曲隆升或沉降，进而致使海水退出或侵入陆地。这种运动就叫“造陆运动”。

可见，与强烈明显的造山运动相比，造陆运动是个很文静的“慢性子”，不温不火。在任何一刻，造陆运动似乎看不出来。

然而，经过低调的酝酿和累积，它导致地壳在大范围的上升与下降。这个结果，足以与造山运动形成的褶皱和断层相提并论，不可小觑。

造陆运动往往会影响到全部或大部分的大陆与大洋盆地的地质地貌。虽然它的速度相当缓慢，幅度微小，但影响范围极广，常常可造成的结果是大面积的海侵或者海退。

什么是海侵？海侵其实也叫海进，是指在相对短的地史时期内，因海面上升或陆地下降，造成海水对大陆区侵进的地质现象。

一般情况下，海侵是海水逐渐向时代较老的陆地风化剥蚀面上推进的过程。海侵的结果，往往形成地层的海侵序列：其沉积物自下而上，由粗变细或由碎屑岩变为碳酸盐岩；沉积时的海水由浅变深；陆相沉积逐渐演变成海陆交互相沉积，继续演变成海相沉积；海侵后海相沉积岩层比海侵前陆相沉积岩层面积大。

也就是说，每当发生海侵时，海平面上涨，海洋的面积扩大，与此同时，陆地面积就会相应地缩小。也许，太平洋正是在地壳运动中，后来一步步海侵形成的。

海退与海侵相反。它通常是因为海面下降或陆地上升，形成海水从大陆向海洋逐渐退缩的地质现象。

海退的结果，往往会形成地层的海退序列，由下至上一般为：沉积物由细变粗或由碳酸盐岩变为碎屑岩；沉积时的海水由深变浅；海相沉积逐渐演变成海陆交互相沉积和陆相沉积。海侵和海退常紧密伴生，海退也具有周期性和旋回性，在时间和空间上也可区别为不同级别和规模。

由于海退序列暴露于陆地表面，容易被河流、湖泊、风等地质作用改造和破坏，因而，在地层记录中，海退序列不如海进序列保存完整。

在垂直运动过程中，当地壳上升时，会形成阶梯不高的陆地或高原，地形的起伏也不大；当地壳下沉，发生海侵时，往往会形成低缓的平原或者浅海。

总之，在地壳升降运动中，海进和海退现象通常紧密相伴而生，它们也都具有周期性和旋回性。不过，它们每次出现的级别和规模都会不同，对地球形貌产生的影响也就不同，同时也会影响为数众多的动植物的生存和繁衍，乃至影响物种的变迁。

可见，海侵和海退往往是地壳垂直运动的两种产物，也是它的明显标志。

比如，当加里东运动因褶皱造山运动终结后，整个地壳从而进入了比较稳静的泥盆纪。这个时期没有褶皱运动，只有地壳的升降运动。所以，在漫长的地质时期内，在加里东造山带上形成了许多陷落盆地群，如库兹涅茨盆地、米努辛斯克盆地。

大约到了泥盆纪末期，海侵现象又被陆地上升所代替，从而使海盆减少，陆地面积增加。但是，等到早石炭世时，由于地壳的下沉，又出现了一场大规模的海侵，一直延续到中石炭世。当再次发生海退时，许多海洋、海沟相对上升，形成大片平稳的陆地。

在整个地质史中，地壳的升降运动几乎是交替进行的，就像昼夜交替那样。不过，地壳升降部分的轮廓、大小，以及分布位置都会不断改变，从而造成形形色色的地貌地形。

不过，垂直性的造陆运动造成的地貌，大多为广袤的大陆、高原，或者是低缓的平原、海盆地、陆上大盆地，甚至还有一些宽阔舒缓、平面轮廓呈不规则圆形和各种多边形的褶皱和断块山地，这也分别反映了地壳挠曲升降和断层作用的范围。

除此之外，造陆运动还可以形成另外两种奇特的地形。它们一个是地堑型断陷谷地，另一个是成行断块组成的盆山相间地形。

为什么会形成这两种地形？这可用地槽学说解释。

地槽学说认为，造陆运动与造山运动是两种最基本的地壳运动形式。造陆运动作用区，岩层不变形或仅有舒缓的褶曲和局部断裂，是现代大陆的核心和主体，被称为“地台”。地台区虽较稳定，但也在不断地活化，向地槽区发展，故造山运动与造陆运动也是相对的。

现代板块构造理论认为，大范围轻微的升降是板块水平运动过程中波动的结果，地壳稳定区位于板块腹地，活跃区（或地槽）位于板块边缘。随着板块间的相互作用、板块的范围和位置不断变化，稳定区与活跃区也随之变动。

由此，在垂直的造陆运动过程中，也会出现地堑断层这样的地貌。

对于地壳垂直运动的发生，还有另外一种解说。整个地球由六大板块以及其他小板块构成，板块之间是互相镶嵌式拼合，而不是边界明显排列式的相接。因而，在板块水平方向地运动时，各个板块的边界与板块内部就会产生竖直方向的运动。

结果，就会出现三种情形：一是板块消减带着海洋板块向地幔中以一定倾角下沉；二是相邻的大陆板块边缘受消减运动的影响而牵连地下沉，地震时产生回跳；三是大陆内部由于横向的推挤压力产生地壳的抬升或岩石圈的加厚，地质上产生岩层的褶皱，形成山脉和河谷。

另外，因为地幔物质的上涌在某些地区的岩石圈中可能产生拉伸的作用力，从而形成张性的裂谷或断陷盆地。从地壳均衡的方面说，地壳的垂直运动从根本上还受着地球重力的制约。

可见，地壳的垂直运动并非与造山运动截然划分，两者是相互亲密联系，许多时候就犹如“孪生兄弟”。

尽管大部分的垂直运动是相当微小的，但是它造成的范围确实很广。在缓慢的运动中，导致地壳隆起或下降的幅度很小，但从横向的范围来看，通常它会影响几十到几百平方千米。

根据造成的地壳形态特征，可将所影响的范围划分为三种次级类型。它们分别是：对称型及非对称型掀斜、挠曲。对于遭受大面积的垂直运动的地表，它们分别依次表现为高原、平原和盆地（或者浅海）。

据考察，中国的陕北、陇西及南岭地区，在新构造期中都属于大面积上升区；而华北平原、江汉平原等属于大面积沉降区。此外，地质史上第四纪海面的升降运动，除了冰川因素外，正是由于地壳垂直运动造成的。尤其是在更新世冰期中，整个地球海面高度变化达 107 ~ 203 米。

另外，造山运动发生后，通常会形成一道明显的造山带。与此相对的是，造陆运动发生后，通常会形成另一种地质构造——克拉通。

什么是克拉通？早期形成并且长期未经构造活动的地壳部分，即为克拉通。也有科学家将它定义为：形成稳定的上下大陆地壳圈层，并与地幔耦合的地质过程。

克拉通是地壳发生变形后相对稳定的部分，在地理中与造山带对应。大部分的克拉通几乎都是在太古宙形成的。这些克拉通在太古宙末的一个特定地质时期，形成全球规模的超级克拉通才有了与现今相类似的洋陆格局。克拉通化，就是克拉通形成的过程，包括了固体圈层中的岩石学、地球化学、构造地质学、地球物理学等方面的诸多演化和剧变。

每当造陆运动发生后，形成的克拉通地质构造，也会有各种区别，通常分为高克拉通与低克拉通。它们二者在地形上分别有所对应，高克拉通通常表现为大陆，而低克拉通表现的地形则为大洋盆地。

不过，后来地质学家发现大洋都是活动的年轻地壳，不适合古老地壳。因而克拉通便仅仅用于大陆部分，它分别包括地盾与地台两种地形。

那么，什么是地台和地盾？

地台就是大陆上自形成以后未再遭受强烈褶皱的稳定地区，由于岩层产状十分平缓，形成平坦的地貌，也称为陆台。通常地台是与地槽相对应的地壳稳定构造单元。

地盾则是地台相对稳定的部分，是地台含有未变质的沉积盖层。它长期处于上隆，没有或很少有沉积盖层前寒武纪变质基底大面积出露，周缘被有盖层的地台所环绕，平面形态呈盾状。

除了地盾，地台根据沉积盖层的有无、厚薄的不同，以及内部活动性，还分为地轴、台背斜（台隆）、台向斜（台坳）和台褶带等二级构造单元。

地台的产生与地壳垂直运动密切相关。地槽在回返上升的晚期时，岩层挤压褶皱隆起上升，从而形成褶皱带，表现为地貌就是褶皱山脉。地台大多是具有双层结构的稳定地块，下部主要为褶皱基底，上部则是沉积盖层，没有沉积地球表面分布高峻的山脉或岛弧的地区，都曾是地壳的活动地带——地槽，由于这里的地壳垂直运动的幅度和速度都较大，致使沉积物达到很大厚度，构造变动和岩浆活动也相当强烈，变质作用显著。

而地台通常代表的是地壳上比较稳定的部分，大致呈浑圆状轮廓，表现地形通常为丘陵起伏的波状平原、低山绵延的大片高原，或者是微倾的大陆架浅海地区。地台部位除了幅度不大的整体垂直运动外，与地槽相比，构造运动、岩浆活动、变质作用等都不那么强烈。

但是，地台与地槽并非截然分割，而是可以互相转化的。

往往，当地槽发展到一定阶段时，有时会由下沉而转为上升，再经过一系列的褶皱变质，最后就会逐渐变成相对稳定的地台。

从每个不同地质时期来看，几乎都有一部分地槽向地台转变。所以，最终导致地槽的面积就逐渐缩小，相反，地台的面积却逐渐扩大。

可见，地槽虽然最初是由造山运动造成的强烈构造带，但它在以后漫长的造陆运动中，会渐渐变成地台。从地形地貌上来看，就是最初的海沟，在漫长的地质作用后，通过造陆运动，海沟会渐渐消失，从而上升变成平坦的大陆。

总而言之，通过地壳垂直方向的造陆运动，在漫长的地质时期后，会发生各种海陆变迁的局面。

当海侵或海退出现时，陆地会变成海洋，或者海洋会露出大片的陆地。在地台的形成过程中，原来的海沟则会慢慢上升，变成稳定大陆的一部分。这正如中国一句古老的成语“沧海桑田”。

## 曾为陆地的台湾海峡

台湾海峡，通常也被简称“台海”，是中国大陆与台湾岛分隔开来的自然屏障，也是中国福建省与台湾之间连通南海、东海的海峡。

整条海峡的水域面积达6300平方千米，也是中国最大的海峡，大致呈东北—西南走向，南北长约333千米，东西平均宽230千米。它们之间的直线距离，最窄处福建省平潭岛与台湾新竹县之间为130千米，最宽处福建东山岛的澳角与台湾屏东县的猫鼻头之间为400千米。

台湾海峡主要以大陆棚为主，水深各处相差很大，平均水深不足50米，岩床最大的深度为70米。南部断续分布与中国大陆之间的一片沙质浅滩的海水最浅，小于30米；东南部的大陆坡的水深则超过1000米。除了靠近福建的沿海岛屿外，还有澎湖群岛以及屏东的小琉球。

台湾海峡的自然环境十分复杂，水域内遍布浅滩、沟谷、海岛礁石。而且河流入海口和海湾也数不胜数，水团和海水流系多不胜数，以至于渔场和水产资源相当丰富。

台湾海峡的海流具有明显的季节变化，冬季以从北向南的沿岸流为主，夏季以由南向北的暖水以及从太平洋进入的黑潮支流为主。因而，早期的沿岸岛民也将台湾海峡俗称为“黑水沟”。如果要这么说，跟其他城市里大大小小的水沟相比，这恐怕是世界上最大最宽的水沟了。

在远古的时候，这条宽广的海峡并不存在，这里属于大陆的部分，台湾岛与大陆相连在一起，之后经过了无数次的海陆变迁，才渐渐形成了今天这样的海峡。

从地形上看，台湾海峡属于东海大陆架浅海。早在遥远的古生代和中生代，大约在 5.7 亿年 ~ 2.3 亿年前，和 2.5 亿年 ~ 6500 万年前，整个台湾海峡还是华夏古陆的一部分。自然，这里不存在海峡，它最多是大陆东缘的一条海槽。

大约还在 6 亿年前，古生代晚期造山运动开始时，在今天台湾海峡的地区，曾是一片“台湾滩”。这里是海峡的最高处，深度大约为 20 米。它与大陆两岸之间大部分连为一体，不可分割。

这并非信口开河，也不是瞎猜想象，而是有科学证据的。考古学家曾在台湾北港石油勘探中，发现了菊花化石，这正是中生代的标准化石。由此可以证明，在中生代（即大约 2.2 亿年前）的侏罗纪和三叠纪期间，两岸间还是陆地，尽管它们之间可能已经出现了海水。甚至，这里还是大量的恐龙的栖居地呢。

当然，这时候，台湾海峡位置上的地壳运动仍然没有停息。

等到中生代侏罗纪和白垩纪之间，即大约 1.92 亿年前，中国地区大部分发生了剧烈地壳运动，其间导致恐龙集体灭绝，而许多地方褶皱成山，尤其是以北方的燕山最为明显，因而地质史上称为“燕山运动”。与此同时，在地壳运动中，南部的台湾地区开始形成了陆地，其中的中央山脉也基本形成，大南澳片岩演变为大理石。这在地质史上，台湾称之为“南澳运动”。

此时，在南北两岸之间分别出现了燕山和中央山脉，但两岸间还是相连的，海峡依旧还没出现。

到了中生代白垩纪和新生代古新世时期，在大约距今 1 亿年 ~ 6000 万年以前，由于亚欧板块与太平洋板块张裂，两岸开始分离，台湾中部地区开始被海水淹没，中间成为浅海，开始形成一条最初的海峡。

当然，今天的海峡与最初的海峡差异很大，地壳运动没有停止，这个古海峡也就随之在不断变迁。

到了新生代第三纪始新世早期（大约 5400 万年前）的地壳运动中，台湾地区开始了“太平运动”，与此同时大陆开始“茅山运动”。由于中国大陆以茅山的造山运动最为明显，故称“茅山运动”。在这期间，两岸陆地又重新连成了一片，那条古海峡也就暂时消失了。

之后，新生代第三纪始新世晚期，大约在 4000 万年前左右，地球上再次发生了一轮新的大规模著名造山运动——喜马拉雅造山运动。宏伟的喜马拉雅山从海洋中崛起，同时中国大陆许多地方也隆起，形成大大小小的山脉。

喜马拉雅运动总共分为三幕，第二幕发生在第三纪的中新世时期，大约在 2000 万年前，台湾岛开始耸起成陆，基本形成海峡地形的大致轮廓。

但在这场漫长的造山运动影响下，古台湾海峡在相当一段时期内极不稳定，时而升起，时而下沉，它与大陆相隔的海槽时有时无，台湾岛与大陆也是时断时连。

到了第四纪早更新世时期，大约在 200 万年前，整个地球进入了最后一轮冰河世纪，气候极度变冷，大量的冰川形成，出现大海退，全球海平面下降 130 米。至于中国的东部的海域下降达 60 米，致使台湾岛再次强烈上升。由于海退现象普遍，原来台湾海峡地区的大部分露出海面，台湾与福建两块陆地又连为一片。

此外，中国华南地区的花岗岩层大量沙化，岩石里的石英和云母被冲积到台湾海峡中的低部地区。因此，我们今天在台湾北部与中部地区才能开采出石英和云母用来发展玻璃工业。

由于两岸相连，这时候的史前陆地动物们能互相来往，毫无障碍，不需要游水。考古学家在台中大坑发现了一系列剑齿象化石，又在桃园发现了古犀牛化石。这些生活在大陆的史前动物能在台湾岛上留下来可以证明当时两岸连在一起。

在漫长的第四纪大冰期期间，也出现了相当长的寒冷和温暖的更替，即出现了亚冰期和间冰期。在寒冷阶段，雪线高度下降，冰川前进，出现了“亚冰期”，尤以民德亚冰期和里斯亚冰期的冰川规模最大，群智亚冰期规模最小。在温暖阶段，气温升高，雪线高度上升，冰川退缩，出现亚间冰期。因而随着海水的凝冻与融化，大陆沿岸也会出现海进和海退现象，由此，台湾这块大陆南端陆面时而被淹没，时而出现。

就在间冰期内，适宜生活的温暖的气候下，直立的猿人从地球上诞生了。他们成了人类的始祖。亚洲、欧洲、非洲各地都曾有猿人的踪迹，他们会制造火和简单石器，进行采集和狩猎谋生，与猩猩等“宗亲”开始分道扬镳。

中国这块华夏大陆上，不仅北京的周口店出现猿人的踪迹，在华南与台湾地区也有古人类的踪迹。由于，它们连为一体，因而两岸的古人类属于同根同源。当海峡还是陆地时，这里是两岸的古人类和古代动物互相往来的主要通道。今天，考古学家从台湾海峡打捞出的无数动物化石，都充分证明，台湾海峡曾是一片陆地。

正是由于亚冰期和间冰期的不断交替，全球气候的不断大幅度升高和降低，海进和海退也交替出现。大约在第四纪的晚更新世后期（大约在12万年前），全球变暖，东部的太平洋海面上升，大海进入了海进期，整个海面大约上升100—130米，从而大致形成了今天的海平面，以至于海峡再次出现，横隔在福建与台湾之间。

到亚冰期时，又出现了几次海退，台湾海峡也曾消失过，两岸也短暂相连过。世界是永远运动变化的，不会停止。

大约在4.2万年～15000年前，在第四纪的最后一次大理冰期的影响下，地球再度发生大幅度的气候降低，导致冰川大量出现，海面大幅度下降，近海区发生大海退，海水下降了130～180米，台湾海峡又变回了陆地，台湾岛和大陆再度相连，成了“一家亲”。

台湾陆地上沟壑间森林密布，蔓草丛生，许多原本生活于大陆的普通象、剑齿象、犀牛、野牛、大角鹿，以及四不像等这些大型哺乳类动物，纷纷前来此“谋生”。大量的古人类从华南、东南大陆地区得以顺利经过升为陆地的台湾海峡，迁徙到了台湾。

这样的局面一直持续了5000年。大约到1万年前，等到漫长的第四纪冰河世纪结束后，地球开始渐渐变暖，冰川渐渐消融，进入了大间冰期和冰后期。

在这期间，全球的海平面因冰川消融而大幅度上升，上升了100多米，大陆与台湾之间原本的陆地再次为海水所淹没。结果，从前的沟壑平原变成了鱼虾畅游的海峡，而从前的山峰则变成了散布在海峡间的若干岛屿。

在大约6000年前，今天的台湾海峡便开始形成了。从此，两岸间的来往便由陆地转为海上。古代的人们只能偶尔乘着独木舟去对岸。

不过，这还没完全结束。大约在4500到2000年前，由于出现了一场海退，导致台湾海峡变浅，这样更利于人们渡海，从此海峡两岸的人们往来更加方便，也更频繁。

也正是在这阶段，中国先秦时期，大量的闽族、闽越族已经渡过台湾海峡，开始陆陆续续地移居台湾，成为台湾岛上的先民。

大约在近代16世纪中叶，葡萄牙人的航船途经台湾附近海峡，当这些洋人看到青翠碧绿的台湾岛时，不禁大为赞叹。

此外，台湾海峡由于风高浪急，经常会发生海难。近代时，大批来自闽、粤的百姓，纷纷乘船横渡台湾海峡，向台湾岛迁移。但是，在横渡海峡期间，时常有船只覆没，导致许多乘客不幸身亡，葬身鱼腹。因而客家流传着一首民谣《渡台悲歌》，其中称“六死三留一回头”，意思是说，每10人乘船横渡海峡，往往会有6人会在海中落难而死，仅有3人会庆幸地留在台湾，还有1人会因忍受不了台湾的早期蛮荒而返回大陆。

可见，一道海峡的存在成了当初两岸人民往来的绊脚石，但它不能分割两岸人民的古老的血缘关系。

除了地质史的演变，从今天的海峡两岸的地形地貌、自然风土方面同样能看出一些端倪来，更加证实了地质学家的科学推断。

在远古的时候，尽管由于地壳运动导致台湾这块大陆和福建地区分割开来，而之后频繁的海进与海退，使得台湾与福建之间出现通道，从而形成今天的海峡。然而，台湾和福建两地的地质构造、地形地貌、自然特产等方面极度相似，几乎如出一辙。

在地形上，山脉和河流的走向及分布，平原和丘陵的形态，仿佛大自然的造物主按照同一设计蓝图的复制品；在气候上，共同经受亚热带海洋季风的控制，年温度变化、降水量、季风的光顾，又毫无二致；在植被上，红棕类土、冲积土、灰化土及盐土等土壤，各种森林植被，水稻、茶和果品等农作物，如此相同，几无差异。这些也再次证明，台湾岛与福建曾经属于同一块陆地。

总之，在漫长的地质时期，台湾与大陆从最初的相连，变成断裂，接着又不断时断时连，海峡也时而出现，时而变成大陆。最终到了人类文明时期，台湾海峡的形貌才基本稳定，成为今天的局面。

不过，也许经过几万年，在地壳运动下，或者发生一场海退，台湾海峡很可能再次消失，变成大陆，谁也说不定。世界总在时刻不断地变化，海陆变迁也是生生不息的，没有永恒不变的东西，一切面貌都是暂时的。

# 海洋神秘神话

地球经历了 50 亿年的漫长岁月，沧海桑田，在漫长的历史长河中，随着不断的地壳运动，很多原来是海底的地方，浮出地面，成为沙漠；也有很多原本是陆地或城市的地方沉入海底。在人类历史上，曾经存在着许多发达的文明古城。然而，由于几千年的历史变迁，这些城市如今有的已经根本找不到任何踪迹，有的则早已沉没于茫茫大海之中，世界上曾经发现了一些神秘莫测的“海底古城”。这一个个历史谜团，引起了众人的好奇与探索。

**“传奇之城”——亚特兰蒂斯古城**

一座城市的传奇性，在于它经历过不凡的命运，尤其是对于一座古城，比如古希腊的雅典、埃及的亚历山大城、东罗马的君士坦丁堡、中国的长安城，等等。不过，还有另一些史上出现后来却神秘消失的古城，它们更具有神秘色彩，令人向往，比如西域的楼兰古城，比如亚特兰蒂斯古城。

## 亚特兰蒂斯的神话

在西藏，世界上所处海拔最高的宫殿布达拉宫内藏有一部经文，详细地记载着在公元前 9600 年，某一天，曾经发生过一起史前超级文明所在的陆地在顷刻间沉入大海中的事情。无独有偶，古希腊哲学家柏拉图于两千多年前前往埃及旅行，也听到了这个故事。后来，柏拉图把这个故事记录在他所著的《对话录》一书中，并且正式为这块沉没于大海中的大陆定名为“亚特兰蒂斯”。

在希腊哲学家柏拉图的描述中，亚特兰蒂斯是一个环境优美、技术先进的岛屿，其历史可追溯至公元前 370 年。他在书中写道：亚特兰蒂斯不仅有华丽的宫殿和神庙，而且有祭祀用的巨大神坛。柏拉图在描述中说，亚特兰蒂斯人拥有的财富多得无法想象。那里的人们最初诚实善良，并且有超凡脱俗的智慧，过着美好而富足的生活。然而随着时间的流逝，他们的财富越来越多，亚特兰蒂斯人的野心开始膨胀，他们开始派出军队，征服周边的国家。他们的生活也变得越来越腐化，极尽奢华，道德沦丧，终于激怒了众神，于是，海神波塞顿一夜之间将地震和洪水降临在大西岛上，亚特兰蒂斯最终被大海吞没，从此消失在深不可测的大海之中。

柏拉图在他的著作《对话录》中，记录着由他的表弟柯里西亚斯所叙述的亚特兰蒂斯的故事。柯里西亚斯是苏格拉底的门生，他曾在对话中三次强调亚特兰蒂斯的真实性。柯里西亚斯说，故事是他的曾祖父从一位希腊诗人索伦那儿听到的。索伦是古希腊七圣人中最为睿智的一位，他在一次到埃及旅行的时候，从埃及老祭司那里听到了亚特兰蒂斯的传说。对话录中的记载大意如下：

在地中海西方遥远的大西洋上，有一个以惊异文明自夸的巨大大陆。大陆上出产无数的黄金与白银，所有宫殿都由黄金墙根及白银墙壁的围墙所围绕着。宫内的墙壁也镶满金银和宝石，金碧辉煌。在那里，文明的发展程度令人难以想象，有设施完善的港埠和船只，还有能够载人飞翔的飞翔器。它的势力范围不只局限于欧洲，还触及非洲大陆。

柏拉图在2000年前述说的这个岛屿，令许多人为之向往，但没有人能提供有力的证据证明亚特兰蒂斯确实存在过。有一种说法是，因为在一场火山爆发的大地震及洪水之后，亚特兰蒂斯在顷刻之间便永远沉入了海底。根据柏拉图的记述，由于亚特兰蒂斯的文明程度极高，国势富强，渐渐社会开始腐化，贪财好富，利欲熏心，遂发动征服世界的战争。但他们遇到强悍的雅典士兵便吃了败仗。亚特兰蒂斯这种背弃上帝眷顾的行为，导致天神震怒，因而天神唤起大自然的力量，消灭了这个罪恶之岛。

在梵蒂冈图书馆中迄今保存的一批古代手稿中，对大洪水之前曾存在的人类文明也有所记录。现代科学发现，在大洪灾之前，地球上或许真切地存在过一片大陆，这片大陆上已有高度的文明存在，在一次全球性的灾难中，这片大陆沉没在大西洋中。而近一个世纪以来，考古学家们在大西洋底找到的史前文明的遗迹，似乎也在印证着这个假说。在民间的说法中，人们把这片陆地称为“大西洲”，把孕育着史前文明的那个国度称为“大西国”。与柏拉图《对话录》中提到的亚特兰蒂斯指的是同一个地方。

可以说亚特兰蒂斯代表了大西洲的核心文明，是文化、艺术和工艺水平的集中体现。这是一座纪念碑式样的城市，是其他城市的典范。传说中的这个城市，是由一系列浮于海上的同心圆连接而成。在空中可以看到，它是一层层由低到高排列向中心的。中心部分是大本营，直径接近 2.5 千米。据柏拉图所言，亚特兰蒂斯在约 9000 年前已被一场自然灾难毁灭。

1958 年，美国一位动物学家范伦坦博士在巴哈马群岛附近海床上发现奇特的地形结构。从空中往下俯瞰，这些几何图形是一些正多边形、圆形、三角形，还有长达好几千米的直线。

1968 年，范伦坦博士又在巴哈马群岛的北比密尼群岛附近海域发现位于海面以下 5 米左右、长达 540 米的矮墙，突出海底约 90 厘米的“比密尼石墙”，每个石块至少 16 立方英尺。顺着探测下去，竟然发现更复杂的结构，有几个港口，还有一座双翼的栈桥，俨然是一个沉没几千年的古代港口。由于巴哈马的海域属于下沉地形，因此引起不少的猜测，是否这些就是亚特兰蒂斯人建造的，没有其他证据辅证而仍不得而知。轰动一时的石墙事件仍是一个沉睡海底的谜。

## 亚特兰蒂斯的没落

亚特兰蒂斯灭亡的传说一直都归咎于火山爆发、洪水及地震。但这一些灾难真的能在一夜之间令这个拥有高度文明的大城市消失得无影无踪吗？现今的地球物理学家认为这类灾难并不足以在很短的时间内把一个大陆摧毁于无形。因此有一些其他灾难的学说支持亚特兰蒂斯被毁。其中，星球相撞说提出：亚特兰蒂斯的灭亡可能与一场全球性的灾难有关。

其实曾有人对亚特兰蒂斯的灭亡提出过这样一个想法：亚特兰蒂斯可能就是克里特岛上延续到公元前 1400 年的米诺斯文明。当时克里特帝国势力强大，控制古代地中海一带。公元前 1470 年左右，发生了一次火山大爆发，专家想象是火山先喷出大量致命的灰尘，然后发生惊天动地的火山爆发，继而发生海啸和地震。近年来，考古学家在圣多里火山遗址发现大量米诺斯人的文物，这一种说法就受到更多的支持了。米诺斯文化与亚特兰蒂斯的高度文明有很多相似的地方，例如圣多里尼的形状与柏拉图所描述的亚特兰蒂斯都是环状的，而且都有高度文明，最后圣多里尼的火山猛烈爆发亦解释了它的灭亡原因。虽然米诺斯文化与亚特兰蒂斯有很多相同之处，但如果这一种说法要成立，最起码柏拉图的说法要有几个错误，包括这一个地方的位置、它的规模以及毁灭的年份。其实柏拉图所得到的资料先由埃及传出，辗转来到柏拉图时代自然已改变了不少，再加上翻译的错误，亚特兰蒂斯的资料已经有大量误读。但这种说法始终有些牵强，更有人怀疑米诺斯文明的存在。

另一种说法提出亚特兰蒂斯只是虚构出来的一个神话。根据《对话录》

的记载，亚特兰蒂斯拥有高度文明，国家富强，后来人民的生活开始腐化，到处侵扰其他国家，最后整个亚特兰蒂斯因大灾难而消失。这一种说法可能只是一种寓言，它所要说明的道理就是：本来正直善良繁荣安定的社会，一旦开始腐败，触怒上帝，就会有这样的后果。

19世纪中期，美国考古学家德奈利经过毕生努力，出版了他的研究成果《亚特兰蒂斯：太古的世界》，他也因此而被誉为“科学界的亚特兰蒂斯学之父”。德奈利一共提出了13条有关亚特兰蒂斯原则性提法。

一、远古时代，大西洋中确有大型岛屿，那是大西洋大陆的一部分；

二、柏拉图所记述的亚特兰蒂斯故事的真实性不容怀疑；

三、亚特兰蒂斯是人类脱离原始生活，形成文明的初始之地；

四、随着时间的推移，亚特兰蒂斯人口渐增，于是那里的人们迁居到了世界各地；

五、《圣经·创世纪》中所描述的“伊甸园”，指的就是亚特兰蒂斯；

六、古代希腊及北欧传说中的“神”，就是亚特兰蒂斯的国王、女王及英雄；

七、埃及和秘鲁的神话中，有亚特兰蒂斯崇拜太阳神的遗迹；

八、亚特兰蒂斯人最古老的殖民地是埃及；

九、欧洲的青铜器技术源自亚特兰蒂斯；

十、欧洲文字中许多字母的原形，源自亚特兰蒂斯；

十一、亚特兰蒂斯人是塞姆族、印度和欧洲各民族的祖先；

十二、12000年前，亚特兰蒂斯因巨大变动而沉没于海中；

十三、少数居民乘船逃离，留下了上古关于大洪水的传说。

德奈利的这13个提法，似乎可以回答包括《圣经》记事在内的一大批人类活动的疑问。那么有关各地人类超文明的记录也应是可信的吗？而且，远古时人类之间的相互沟通与交往也是可以被证实的吗？

古埃及的许多习俗，都可以在古代墨西哥找到奇异的印记。在玛雅人的陵墓壁画中，可以轻易找到与古埃及王陵近似的图案。这样的“巧合”数不胜数。我们完全有理由相信，这两个地区的文化和习俗之间，一定存在着某种必然的联系，这个联系绝不是简单的模仿或重复。由于它们相距十分遥远，我们至今没有找到它们直接交往的任何有力证据，而且它们还处在不同的历史时代。但我们有理由相信：它们之间的一系列“巧合”，更像是远古时代高度文明遗留下来的“印记”。

**亚特兰蒂斯王国消失的原因**

有关亚特兰蒂斯的传说，始于柏拉图。在柏拉图晚年的著作《克里特阿斯》和《提迈奥斯》两本对话录中也都有提示。

在柏拉图的提示中，有这样的话：在“赫喀琉斯的砥柱海峡”对面，有一个很大的岛，从那里你们可以去其他的岛屿，那些岛屿的对面，就是海洋包围着的一整块陆地，这就是“亚特兰蒂斯”王国。当时亚特兰蒂斯正要与雅典展开一场大战，没想到亚特兰蒂斯却突然遭遇地震和水灾，不到一天一夜就完全没入海底，成为希腊人海路远行的阻碍。

传说中，创建亚特兰蒂斯王国的是海神波赛冬。在一个小岛上，有位父母双亡的少女，波赛冬娶了这位少女并生了5对双胞胎，于是波赛冬将整座岛划分为10个区，分别让给10个儿子来统治，并以长子为最高统治者。因为这个长子名叫“亚特拉斯”，因此称该国为“亚特兰蒂斯”王国。

大陆中央的卫城中，有献给波赛冬和其妻的庙宇及祭祀波赛冬的神殿，这个神殿内部以金、银、黄铜和象牙装饰着。亚特兰蒂斯的海岸设有造船厂，船坞内挤满着三段桨的军舰，码头都是来自世界各地的商船和商人。亚特兰蒂斯王国十分强盛，除了岛屿本身物产丰富外，还有来自埃及、叙利亚等地中海国家不断进献的贡品。

10位国王分别在自己的领土握有绝对的权力，有各自独立的国家组织，彼此间为了保持沟通，每隔五六年，就在波赛冬神殿齐聚一堂，讨论彼此的关系及其统治权力，当达成协议后，就割断饲于波赛冬神殿中的牡牛喉部，用它的血液在波赛冬神殿的柱子上写下决议条文，以增添决议神圣不可侵犯的权威性。

10位国王都很英明，各自的国家也都很富强。不幸的是，这些国家不久后便开始出现腐化现象。众神之首宙斯为惩戒人们的堕落，引发地震和洪水，亚特兰蒂斯王国便在一天一夜中沉入海底。

触怒神灵而灭亡的说法没有科学依据，绝大多数相信亚特兰蒂斯曾经存在的人更相信这个高度文明的城市毁灭于一场自然灾难。

那么，究竟是怎样的一场灾难吞噬了亚特兰蒂斯呢？我们每个人都有自己的判断和猜想，这个谜底至今尚未揭开。

## 亚特兰蒂斯的考古发现

2009年12月，《每日邮报》报道，一群海底考古学家声称在加勒比海发现传说中神秘消失的亚特兰蒂斯古城。为了证实自己确实见证了这一惊人发现，这些拒绝透露姓名的科学家公布了一系列在加勒比海海底拍摄的照片。

他们坚称这些照片展示的是一座城市的废墟，年代可追溯到埃及金字塔建造之前，金字塔是在公元前2600年之后出现的。在接受法国一家报纸采访时，他们甚至声称其中一个结构就是一座金字塔。

现在，这个匿名科学家小组希望筹集资金，进一步探索这个神秘之地。接受采访时，他们并未透露这个所谓亚特兰蒂斯城的具体位置，只表示位于加勒比海的某个地方。发现亚特兰蒂斯城的论断在互联网上引发热议，怀疑论者虽然很难相信，但还是抑制住站出来揭穿的想法，静观事态发展。

传说中的亚特兰蒂斯是一座拥有惊人财富、知识和能量的城市，相当多的人对这座沉入海底的神秘之城很是痴迷。对于寻找这座迷失之城，人们一次又一次燃起希望，但最终因证据不足化为泡影。迄今为止，亚特兰蒂斯城具体位置仍旧是一个不解之谜。

1997 年，俄罗斯科学家声称在距离兰兹角约 160 千米处发现亚特兰蒂斯城。2000 年，人们又在土耳其黑海北岸海底约 91 米发现一座城市废墟。据信，亚特兰蒂斯城被大约公元前 5000 年的一场大洪水淹没，可能就是《圣经·旧约》中提到的大洪水。

2004 年，一名美国建筑师利用声称，在塞浦路斯和叙利亚之间的地中海海底约 1.6 千米处发现一道人造墙。2007 年，瑞典研究人员声称亚特兰蒂斯城就位于北海的多格尔海岸，这个海岸在铜器时代被海水淹没。

2009 年 2 月，人们在“谷歌地球”展示非洲沿岸海域的图片中发现一些神秘的网格状线条，似乎就是城市街道。可惜的是，谷歌公司很快就站出来推翻这种说法，并表示这些线条是一艘为“谷歌地球”收集数据的船只留下的。当时一名发言人说：“这些线条不过是船只收集数据时的行进路线。”

# 利莫里亚文明

传说中，利莫里亚至少是存在于 80 万年前的一个神秘国度，是与古埃及传说中位于大西洋上的亚特兰蒂斯大陆、玛雅传说中位于太平洋上的姆大陆或称穆大陆齐名的三大消失的大陆与文明。像亚特兰蒂斯一样，多年以来，科学家对于利莫里亚是否存在的争论一直未曾停止过。

## 一个失落的超级文明

Lemuria 翻译为“利莫里亚”或“雷穆利亚”，传说他们来自火星或者天狼星。他们的领域允许更长的生命范围和更大的活动性。地球在那时已经有了有趣的族类，包括巨人族和侏儒族。

利莫里亚是一个传说中的文明之地，远古时沉入海中。在板块移动说成熟之前，也就是 19 世纪末 20 世纪初，英国和德国的动物学家根据马达加斯加和印度尼西亚的狐猴种群分布，推测出一个曾存在于印度洋上的大陆，并提出非洲南部与印度半岛之间是否存在过“地桥”——利莫里亚大陆的问题。特殊哺乳类动物生息的马达加斯加岛、塞舌尔群岛、马尔代夫群岛、拉克代夫群岛等，从非洲南部一直延续到印度半岛南端之间，根据这个学说，南非和东南亚的狐猴都来自利莫里亚大陆。

利莫里亚有时也被称作 Mo，或是 Motherland Mo，这些称谓其实都指向同一个地方：史前超文明诞生的摇篮、香格里拉天堂、人类的伊甸园。在其全盛时期，利莫里亚人精神文明高度发展。也许具体的遗迹很难寻到，但是许多人都认为他们和这块大陆有着深刻的渊源。传说中失落的利莫里亚文明主要位于南太平洋，在北美洲和亚洲澳洲之间。它还被作为人类的起源地，也成为人类从伊甸园中的更高级生命体堕落而来之假想理论的基石。根据传统，在众多太平洋岛屿中，利莫里亚被认为是“伊甸园式”的热带天堂，只可惜在几千年前沉没了，连同岛上善良的居民。有许多人质疑它是否真正存在过，如果有，具体位置在哪里呢？

有关利莫里亚相关传说及争议颇多，如其所在地、利莫里亚人的形象等等。也有部分人相信利莫里亚和亚特兰蒂斯为同一时期并存的两大文明，但前者的科学技术水平更胜一筹。

依照神秘学者所述，利莫里亚文明是继米特拉姆大陆（位于今南极大陆）毁灭后地球上出现的第三个文明社会，该时代的人类以感性为中心。那时人类是以磨炼“感性”为主要修行，累积最高度修行的人可以区别3000种颜色和2500种的香味。

据人们描述，距今86000年前，一块陆地突然浮起，转眼之中在印度洋上形成大陆。约一年之后，巨大的大陆利莫里亚完全显现。一块以往从未见过的巨大陆块自海中浮现。它是一块东西3500千米、南北4700千米的菱形大陆。这块大陆终于长出茂盛的草木，土地肥沃。利莫里亚的大陆名称，是从过去米特拉姆的首都拉米特演变而成，利莫里亚人注重“爱与和谐”的生活方式，并对艺术领域投入大量精力，在音乐、绘画、文学、诗、建筑、雕刻方面非常繁盛。因而近代评论家认为“利莫里亚大陆”实际上是空想主义者对完美社会描述的又一“乌托邦”。

亦有许多神秘学者将利莫里亚与外星生命联系在一起，相信利莫里亚人是外星人的始祖，并描述其外形特征为“体型瘦小，力量纤弱，无法抵抗地表上的野兽和外族的侵袭，因此多避居在地底下”。时至今日，仍有人相信：在地底的深处有利莫里亚人的遗族在居住着，并凭借其先进科技持续发展，他们很可能就是UFO的制造者等等。

德国生物学家恩勒斯特·海因里希·赫凯尔发现，一种栗鼠与猿杂交的动物“雷姆尔”原来生活在马达加斯加，但在远隔大洋的非洲、印度、马来半岛也能见到。据此，他断定，马达加斯加与印度之间的“地桥”直到新生代（哺乳类动物的时代）依然存在，而且，他还认为沉没的大陆很可能就是人类文明的发祥地。

对利莫里亚大陆进行最系统探讨的是路易斯·斯潘斯。他在《利莫里亚问题》的专著中提出了两个利莫里亚大陆的假说：其一是从印度洋横向延伸到太平洋；另一个是同样的起点从印度洋倾斜延伸到太平洋。他发现大洋洲民族在人类学上和地理上的分布是一致的。密克罗尼西亚分布着印度尼西亚人种；夏威夷、波利尼西亚和新西兰分布着波利尼西亚人种；所罗门、斐济分布着美拉尼西亚人种。

他认为，这种分布意味着利莫里亚大陆并不是一个独立的整体，而是由两块夹着狭窄海沟的陆地构成，一块陆地包含新喀里多尼亚、苏门答腊岛等；另一块陆地包含夏威夷群岛、新西兰岛、萨摩亚群岛、社会群岛等。斯潘斯指出古大陆的毁灭是由地球内部剧烈变化引起的，利莫里亚大陆的原始居民是白种人，拥有高度发达的石器文明。众多岛屿上遗留下来的石建筑便是最好的说明。

利莫里亚大陆沉没后，这个民族的人们经过亚洲，移居到欧洲，留下来的人们在恶劣的条件下逐渐退化。此后，波利尼西亚、密克罗尼西亚、美拉尼西亚的居民的祖先相继来到这里，与利莫里亚大陆的居民融合。

近代对利莫里亚存在与否的讨论始于19世纪后半叶。从19世纪中叶以后，近代地貌学学科体系逐渐成熟，地质及地理工作者对地表形态、侵蚀与堆积作用，做了许多专门的调查和探讨，进行了大量的记述和解释性工作，于是地质学家们开始探讨非洲南部与印度半岛之间是否存在过“地桥”——利莫里亚大陆的问题。

1887年，奥地利史前地理学家梅尔希奥尔·纽马伊亚在其出版的著作《古代大陆》中描绘了佛罗纪（爬虫类时代中叶）的世界地图，指出在这张地图上，“巴西·埃塞俄比亚大陆”的角落延伸到“印度·马达加斯加半岛”。这表明印度与马达加斯加曾是一个相互联结的整体。

1912年，德国地球物理学家、气象学家魏格纳提出了著名的“大陆漂移说”。他认为大陆和海洋分别由质地不同的花岗岩和玄武岩构成，因此在很长一段地质年代里，大陆一直在海洋上漂移，不断发生分离、结合，从而形成今天地球表面陆地与海洋的分布状况。魏格纳认为，在古生代，大陆是一个整体，名叫“潘加阿大陆”；中生代（恐龙时代）发生漂移；新生代第四纪冰川来临的时候，发生了分裂。假如魏格纳的论点成立的话，那么分离的陆地之间分布着不同的生物也就可以理解了，如果大陆本来就是一个整体的话，那么“地桥”——利莫里亚大陆根本就不存在。

尽管如此，人类对利莫里亚文明的探索也没有因此而终止。1968年，美国斯库里普斯海洋研究所对印度洋中央海岭进行了科学调查，发现大西洋底部有四条南北走向的大海岭，其中两条大海岭今天仍在不断增大。活跃的海岭与不活跃的海岭为何能同在一个大洋底部呢？马达加斯加岛、塞舌尔群岛，以及澳大利亚西部的布罗肯海岭作为古大陆的一部分，又是怎样从周围的大陆中分离开来的呢？

后来根据印度洋底部地形最为复杂的西北部马斯卡林海域进行钻孔地质调查，结果显示，这一带海底下沉了1000多米，而这是在数千万年的地质年代里发生的。如果按照板块结构理论来看，喜马拉雅山与印度洋是由于共同的成因形成，即印度板块向正北方向移动约5000千米，与亚洲板块相撞，形成巨大的喜马拉雅山。而最近地质学家对印度洋海底地壳勘探结果表明，这一带地壳活动频繁，有些部分持续下沉，有些部分在不断增长。那么，这些缓慢不断的变化是否可以作为利莫里亚大陆曾经存在的一个有力证据？

## 世界的中心

世界不同地方的各种各样的传说都指出，利莫里亚存在过，并且利莫里亚被描述成世界的中心。柴尔德指出，发现荣戈－荣戈经文木板的地方正好位于印度河流域，地球另一端的拉帕努伊岛。所罗门群岛恰好位于莫亨佐达罗岛与复活节岛的中间。整个巨大的太平洋上散布着成千上万个岛屿，但是只有在拉帕努伊发现了荣戈－荣戈经文，这种经文也可以说是印度河流域的圣经手稿。在《复活节岛之谜》这本书中，劳特利奇再次对比了所罗门群岛上石像和迈克马克鸟神雕像，发现它们有 3 个相似的特征：一只鸟左翼抓着一条鱼，一只鸟舒展双翼，还有一只鸟在快速飞行。

玄学派作家彻维早在很久之前的 1931 年，就描述了精神和科技的交互作用。他这样写道："在对自然规律的掌握方面，利莫里亚人已经取得了很高的成就，并且，人们在思想以及能力上，已经到达了一个远胜于我们当代人的高度，远远超过了我们自以为值得炫耀的文明。"

从复活节岛反方向延伸出来一条不完整的地质长线，它从莫亨佐达罗岛开始，一直延伸到世界的另一端，直到大西洋上的亚述尔群岛东部。柏拉图曾经提到，在直布罗陀海峡外有许多大力神支柱挺立在那里，他声称，这是自然灾难后的利莫里亚遗物。在古代，一个高度发达文明的前世界中心能在相距甚远的四个地点测量地球吗？至少拉帕努伊、所罗门群岛还有印度河流域，被一个共同的经文手稿联系在了一起。据说大西洋东部的亚特兰蒂斯岛在沉陷之前是由文明程度高度发达的人类占领着的，这足以证明，大陆板块在分裂之前是连接在一块的。20世纪早期，学者刘易斯·思朋斯曾这样描述："大陆漂移说为我们打开了饶有趣味的想象之门。所有的迹象，无论荒谬与否，都表明亚特兰蒂斯经大洋洲取道美洲与利莫里亚进行复杂的文化交流。大部分人都对它非常感兴趣，不管我们喜欢与否，但就我个人来说，不大情愿接受亚特兰蒂斯人和利莫里亚人在很早之前就一定有着某种交流的事实。"

思朋斯发现的一些证据依靠泛太平洋地区流传的传说被保存了下来。例如，毛利人认为奥图阿是圣山，他们封之为"神的祭坛"，也就是他们祖先最初的母国，在沉入海底的时候，他们的祖先大多数都遇难了。在西萨摩亚，奥图阿也是一个地名，那里的居民说一种很古老的波利尼西亚语。大大小小的火山岛遍布在太平洋上，比如位于西南太平洋海域上库克群岛南部的阿蒂乌岛，就是一个由火山形成的珊瑚岛。阿陶罗岛是一个与东帝汶相邻的小岛屿，当地人把它作为很久以前被海洋吞噬的母国的纪念。

波利尼西亚神话学家约翰·安徒生，报道过斐济群岛上土著居民讲述的关于毁灭西萨摩亚和利莫里亚的世界性洪灾："据说这两个种族因这个毁灭性的洪灾而销声匿迹了。"

阿塔斯人生活在菲律宾的第二大岛——棉兰老岛上，他们是那里的土著居民。他们讲述了那场大洪水是怎样淹没了整个世界的："除了两个男子和一名妇女外，所有的人都淹死了，他们被洪水带到了很远的地方。"一只鹰想要援救他们，但是其中一个男子拒绝了，因此，这只鹰就带着另一名男子和那个妇女走了，把他们带到了安全的玛普拉岛上。在这里，这两个阿塔斯人结婚生育，繁衍后代，最终他们统治了整个菲律宾。阿塔斯人同样声称自己有着那些浅肤色入侵者们的血统。经过岁月变迁，那些外来者也渐渐与当地的矮小黑人和原住民通婚，繁衍后代。

在西南太平洋上的东加塔布群岛，有一座汤加人很敬畏的名为阿塔的死火山，他们以此纪念那些很早之前就来到这里的红头发白皮肤的人，他们认为，这些人是专门来这里庇护当地人的神。

马克萨斯人称自己的先祖为阿提。在他们的史诗《特瓦纳纳塔纳奥》中也有关于亚特兰蒂斯的描述：

有个名叫阿提娜的女人美丽而善良，并且相当富有，她还创造出了大量的生命物。国王阿提和他的兄弟们居住在最美丽的地方，在位期前，他们支持着这些地方。他们统治着天上和整个人间，以及一些位于天堂和大地之间的星星。这个第一任国王居住在高空中。国王的宝座被放置到了天堂中间。伟大的阿提国王深深地爱上了阿提娜。国王发起了猛烈的追求，他发出了欧喽声（一种恐怖的声音，亚特兰蒂斯火山喷发的爆炸声）。

如果利莫里亚与亚特兰蒂斯岛是连接在一块的话，那至少有些利莫里亚人能幸存下来。确实存在一个复合名字叫亚特阿－利莫偌（At-ia-Mu-ri）的地方，它是新西兰最重要的石像遗址。有人认为这是一个证明建造者们是来自一个沉陷的文明国度的最好证据。本土毛利人的名字表明，在这两个沉陷国家的中点位置必然存在某种联系，另一个种群阿塔木人，最初被认为是在破壳帝奇大屠杀中。幸存下来的两个拉帕努伊长耳人贵族的后裔。这些考古所得和大洋洲上的传说，论证了他们绕着地球测量出来的距离，从东太平洋上利莫里亚的领地拉帕努伊出发，穿越了所罗门群岛和印度群岛，到大西洋中部的亚特兰蒂斯岛。正如 19 世纪晚期英国天文学家约翰维尔逊总结的一样：“四处漂泊的毛利人，在全世界四分之一的地方都留下了他们的足迹，后来证明，他们穿过了整个太平洋，绕地球一圈，测量出了地球的周长。”

相传利莫里亚人崇拜太阳神。他们的文字并不是侥幸遗留下来的，更像是源于利莫里亚代代相传的珍贵遗产。他们早期生活在这个已经失落的国家中，这就恰恰解释了高加索人曾活动在东太平洋上这一匪夷所思的现象，据说白种人曾统治着那个国度。制造和运输上千个雕像的工程，完全超出了波利尼西亚人的能力范围，有些雕像超过 90 吨重，因此这应该得益于利莫里亚人的高科技。

人们通过高科技手段建造神像，来防止或减轻地质灾难带来的破坏。东南太平洋板块不稳定的断裂带随时可能发生地质运动，这严重威胁到定居在这些相连岛屿上的利莫里亚人的生命财产安全。他们认识到复活节岛处在“T”形中心这样一个重要地理位置，这个平顶式交叉状是由海底两个断裂带交汇形成的，因此他们把“T”形作为象征他们文明的标志。从地质学角度看，这儿就是他们那个世界的中心点。利莫里亚之所以会毁于一旦，也许是因为由玄武岩和安山石制造的神像，没能抵挡住地震带来的冲击，功亏一篑。

当第一批近代欧洲人来到复活节岛时，他们看到当地居民仍然在海边的 7 尊石像前缅怀他们祖先的文明母国，这 7 尊石像都是面朝着文明母国沉陷的方向。

## 利莫里亚文化留存在世界各地的印记

一些图形能够表现出利莫里亚毁灭之前文明高度发达的场景。它主要的象征符号是希腊语中第 19 个字母“tau”，或是英文字母中的“T”，由中间一些矮小的树丛和位于两边盛开的荷花形成的一个拱形。在 T 形的左边站着一只鹿，看上去像是即将跳跃的样子。当地人认为，这些组合寓意着“利莫里亚岛上人类的到来”。荷花意指人类心智的开化，这也正如它在佛教中所代表的意义一样。“T”本身就代表着从海洋中间冒出来的利莫里亚。很多人相信这就是人类的诞生和起源，“跃入生命”的鹿也代表这个意思。

这个 Tau 标志在各种受利莫里亚影响的文化中多次出现。例如，这个标志出现在失落母国所在的南太平洋上，也出现在法属波利尼西亚的玛贵斯群岛中。考察者说：“在一些重要的场合或是举行宗教礼仪活动时，国王或高级牧师手中都会拿着一个名为神的十字架的 T 形棒来主持活动。T 形棒是由精心挑选的坚硬木头的无瑕疵的一截制作的。通常情况下，它都是 2 ~ 4 尺长，2 ~ 3 寸宽和 1 ~ 2 寸厚。”

桃金娘科常绿树（圣诞树）是一种生长在已沉陷的利莫里亚中部的神树。夏威夷岛民和毛利人都认为，生长在心灵之地的树值得崇敬，人类起源于这个诞生地，然后扩散到全世界。太平洋上的伊甸园就这样消失沉到了海底，变成了一片无人知晓的死亡之域。

一个精心描绘的 T 形反复出现在澳大利亚土著居民的树皮画中，它被昴宿星团的 7 颗闪亮的星星围绕着。在当地土著的神话故事中，这个星群是莫若莫拉人的灵魂。莫若莫拉这个词是由沉陷的母国的名字和太阳神“拉”（Ra）的名字连接在一起形成的。他们砍掉未成形野兽的四肢，然后用神秘的宗教仪式洗礼这些野兽来创造人类。莫若莫拉人被一根长的“发绳”拉到天空中去之前游遍了全世界。作为人类创造者，他们的名字以及作为世界旅行者留下的雕像，强调了他们的利莫里亚人身份。当然，这只是当地的神话故事。

利莫里亚的象征符号同样出现在夏威夷的普阿克岩壁画中。沿着克埃小道，游客们可以发现一些雕刻有 T 的与拉农（Lono）有关的壁画例子。金发白皮肤的拉农是来自失落王国具有神力的搬运工，被称为拉农马克阿或是拉农父，他自身的象征是一根高木桩，在这根木桩顶部横放着一根木头，这就形成了乔治瓦特曾坚持认为是象征利莫里亚的 T 形。在每年举行的马卡希基庆典中，轻便的拉农马克阿木桩都会被人们搬运到岛上的每个角落，以此纪念他的到来。引人注目的是，太平洋上的利莫里亚与中美洲有一个很重要的联系。同样地，T形也是在所有玛雅象形文字中出现得最多的图形。在最重要的举行礼仪活动的中心，比如危地马拉的帕伦克和洪都拉斯的科藩，人们会把它打造得极大，并且和其他的石雕分开。从这个意义上来讲，T形文字就很明显地接近乔治瓦特论述的、在利莫里亚出现的这个标志。在利莫里亚，T的意义为人类生命的起源。来源于玛贵斯、夏威夷、中美洲和利莫里亚的多种迹象，相互间如此完美地补充证明了它们之间确实存在联系。

美国南部的瓦火族印第安人的鹿图画，也表现出显著相似的象征意义。当他们准备用鹿皮为神——耶毕柴制作衣服时，鹿不能流一滴血就要被杀死，这样才能确保鹿皮的完整。耶毕柴被奉为“交谈之神”，在庆典仪式中，会有一个戴上白色面具的扮演者模仿他，并讲述那个有关创造人类的故事。耶毕柴在西部海上人类诞生地的大洪灾之后幸存了下来，因此被尊为众神之祖。瓦火族的神圣的沙画也与鹿皮有关，宗教舞蹈中发出来的脆响声也类同于鹿蹄发出的声音，而鹿角被奉为生命容器。

广袤太平洋的另一边，在日本古城奈良，每年的10月中旬至11月上旬，人们都会在通向靖国神社的路边举行一次纪念鹿的礼仪活动。在斯卡-诺-提苏卡公园，鹿被关进畜栏里面，并且全年都有人给它们照料。鹿角会被锯下来，用在秋季的提苏卡仪式中，以此纪念早期死者们的亡灵。正如鹿角会不断长出来一样，它象征人类来世的重生。

在东南亚的雕刻、铜鼓和壁画中反复出现生命之树的图画。例如，在苏门答腊岛南部的印尼地区，礼仪用衣称为锐绿蜱。沙捞越和北婆罗洲的迪雅克人把他们的信念和大灾难故事联系在一起，他们认为，第一个男人和女人出生在一个天堂般的岛屿上，在这个岛屿的中心，有一棵被龙守护着的神树。在女人的要求下，她的丈夫偷了一个禁果，促成了全球性洪灾的发生。斯蒂芬·奥本海默在他的《东方伊甸园》一书中，引用了19世纪晚期的关于迪雅克人的专题著作。《东方伊甸园》论证了他们的出现早于传教士的到达。

波利尼西亚境内的人们称利莫里亚为“波洛图”，在这里，生命之树——普哈塔拉生长在岛上的正中心。据说普哈塔拉的果子授予给了最初的人类。在整个波利尼西亚境内，神圣的红凤梨被称为蕊木，它是从莫莫－杭戈树上结出来的果实。

在苏美尔人看来，伊甸园就是迪尔莫纳，在那里，至少一些与利莫里亚有关的事迹还没消失殆尽。很久以后，希伯来经文的作者把它翻译成一个道德寓言故事，用以解释人类过失和堕落的根源。希伯来伊甸园源于富饶美丽的苏美尔伊甸园。当耶和华派出一个天使挥动双翼发动了一场战争时，亚当和夏娃被迫离开了天堂。这暗示着彗星撞击地球迫使利莫里亚人大转移。

在整个 19 世纪，进化论者坚信，在印度的南部曾有一个消失的大陆，他们认为这能解释利莫里亚人从马达加斯加岛迁徙到锡兰的历史，早期的原始人事实上是发源于利莫里亚的，人类的扩散始于同一个早期的家园。这个早期家园或是天堂，很可能就是利莫里亚，它曾经是一片热带大陆，现在却沉到了印度洋海底，从大量的植被和动物来看，它很可能存在于第三纪。最终，这样的观点还是受到人们的排挤。但是在 20 世纪的最后 10 年，迄今备受争议的利莫里亚人和早期人种之间关系慢慢得到澄清后，这个理论又重新受到人们的重视。尽管在世界上有多种关于人类进化的学说，但随着亚洲和美洲物质证据的浮出水面，平行进化论逐渐受到了大多数人的认同和理解。

有人认为晚期智人是在大约 12 万年以前进化的。主流考古学家坚持认为，在 12000 年以前，早期人类在亚洲和北美之间架起了一座大陆桥。然而，除了可以追溯到 25 万年前的做工精良的长矛以外，在靠近墨西哥中南部的胡亚太拉克镇的一个高山峡谷中，还发现了现代人的骨骼。从这些遗迹可以看出，早期的猎人猎杀大型动物（例如已经绝迹的美洲骆驼、雕齿兽、乳齿象和猛犸象）。这一发现不仅对进化论者来说是个震憾，对考古学者来讲更是震憾。

后来，在肯尼威克附近的哥伦比亚河上，两名参加划船比赛的男子发现了一具骨骸，研究者们认为，这具骨骸是一个近代被谋杀的高加索人。接下来的化验表明，研究者们对于这名死者的种族判断是正确的，时间却需要做出调整。这个死者已经去世9000多年了。按人种来讲，他与印第安人也没有关系。大约3000年前，印第安人的蒙古祖先们才在白令海峡上架起一座连接阿拉斯加州的大陆桥。如果肯尼威克的这个死者不是来自蒙古的话，他又是来自什么地方呢？

他绝对不是孤立于他古老的种族群体而单独存在的。在这附近的国际机场周边，对一口井的挖掘过程中，考古学家发现了佩咏女皇三世的雕像，这尊雕像陈列在墨西哥城的人类国际博物馆里。这次发掘还意外发掘出一个高加索女子的头盖骨，这个女子27岁时就去世了，时间大概是在13000年前。人们把这个头盖骨送到英国牛津大学进行碳定年法测试。结果证实，这个年轻女子是上一个冰河时期就定居在美洲的白色人种中的一个。据主流考古学家称，那时越过白令海峡到达阿拉斯加的蒙古人是唯一的北美居民。他们的头盖骨短而宽，是典型的现代印第安人特征。形成鲜明对比的是，墨西哥城的这个头盖骨长而窄，地质学家西尔维亚·冈萨雷斯称，从这点上可以辨认出她是高加索人种。

类似佩咏女皇三世的雕像的考古发现不是独一无二的。1993年10月9日那天，在布朗谷发现了一座冰河时期的坟墓，布朗谷位于明尼苏达州和美国北达科他州的交界处。尽管要比在墨西哥发现的那尊雕像年轻1000岁，但布朗谷这个男死者，却是全北美境内迄今为止发现的最古老的高加索人。从他坟墓中取出的人工制品不同于尤马或福尔松文明的类型。福尔松文明繁荣至上一个冰河时期的晚期。由于缺乏其他的解释，这些人工制品被传统学者们归纳为属于从尤马到福尔松文明过渡期的文物。然而，事实上，这些陪葬品更可能是海外人的物品，在明尼苏达河的东部河堤附近发掘的朗谷男尸坟墓，进一步论证了这一假设。

一个离现在更近的发现是在 1965 年，在科罗拉多河的排水道发掘出一具高加索女子的遗骸。这名 9700 年前的戈登溪女尸的面部较本地居民的更加窄小。通过齿槽的凸颚，我们也可以看出，她的牙齿稍微向外突出，这也是土著的美洲人不具备的特征，但是现代欧洲人具有这一特征。更有趣的是，戈登溪女尸的骨头和身边的工具在下葬的同时被洒上赤铁矿粉。赤铁矿是一种血红色的颜料，它被红漆师傅们制成粉末用于葬礼中，这是 7000 年或更早之前沿着西部海岸抵达北美洲的人所不具备的技术。

1940 年的一个考古发现同样值得关注。考古学家在内华达州的一个崖洞里，发现了一具保存完好的有着 9400 年历史的高加索男子尸体。他上半截身子的一部分被木乃伊化了，长着红头发的头皮依然连接着戴有皇冠的头。他的墓地里长满了蒿属植物，尸体就被放置在上面，这可以看出，他那个时代的人们已经精通埋葬技术。他被称为灵魂洞穴男子，被放置在墓穴的左侧，两条大腿弯曲向上，使得他的膝盖与臀部在同一水平线上，这个姿势类似于王朝统治以前（在公元前 3200 年古埃及时期）埃及葬礼中发现的胎儿的姿势（意味着重生）。做工精良的皮革鞋、一张兔皮毯子和漂亮的编织垫依旧保存完好。遗憾的是，他被移交到内华达州的印第安人手中之后永远地消失了。

1938 年，在明尼苏达州，发掘出了有着 7800 年历史的鹈鹕急流女尸。纵然她也表现出了高加索人的特征，但最后还是被移交到当地印第安人手中，后来莫名其妙地被重葬，同布朗谷男子的命运一样。戈登溪女尸在被发现之后近 40 年时间里，从没被检测过 DNA。尽管内华达州的吉利莫里亚墓塚有着 9740 年的历史，但它里面的一个 10 岁女尸，也同样没有被科学检测过。有着超过 6800 年历史的俄勒冈州男子，也同样未被检测。然而，科学家们对阿灵顿国家公墓中的弹簧女尸进行了检测。她的发现同样也不是独一无二的，因为她的墓地修建在一个岛屿上——圣罗莎——靠近加利福尼亚南部海岸，这说明，她那个冰河时代的人们已经具备了航海技术。DNA 研究同样应用于内华达海滩男尸、得克萨斯州的威尔逊·伦纳德遗址和蒙大拿有着 10800 年历史的葬有一个小孩子的安仔克墓冢。这些检测很重要，不但可以检测出这些人的种族背景，而且可以比较不同人种的基因构成，从而知晓最初定居美洲的人种、他们的起源以及到达美洲的时间。

在 2002 年的夏天，西奥多·斯查尔博士说，西南基金会的生物医学 DNA 研究已经找出美洲印第安人的 4 个主要血统，他们主要来自西伯利亚和东北亚——特别是贝加尔湖和阿尔泰山－萨彦岭地区。这些发现符合保守理论的说法。保守理论认为，蒙古人通过白令海峡上的大陆桥到达北美，后来在冰河晚期，也就是约 9000 年前，海平面上升吞噬了这座大陆桥。然而，斯查尔博士及他的同事们找到了第五个次要的高加索血统。这个血统被称为 X 系单倍群，在哥伦布甚至是维京人到达北美之前，它存在于一些阿尔冈语系部落中，例如奥吉布瓦族。X 系单倍群血统占了现代欧洲人的四分之一，但在近东地区，这一比例没有这么高。

小一些的印第安民族（黑足族、易洛魁人、因纽特人和更小一些的来自明尼苏达州、密歇根州、马萨诸塞州、安大略湖的部落）尽管都有一些蒙古血统，却是另一古老高加索人的分支，在 10000 年前开创了绳文文化。绳文是日本新石器时代文化。负责重新测定佩咏女皇三世年代的西尔维亚·冈萨雷斯总结道："如果证据是对的，那将引来许多争议。我们可以对美洲印第安人说：'也许有些与你们无关的民族先于你们到达美洲。'" 2002 年，在有关报道中，《华盛顿》杂志的科学版主编罗杰·海菲尔德陈述说，大量的 DNA 检测结果足以表明，北美在 3 万年前就被高加索人"殖民统治"了。他们并不是通过一座已沉陷的大陆桥从亚洲来到美洲的。他们已经精通航海技术，借此，他们穿越危机四伏的广袤的大海来到这里。

2001 年 7 月，一个由密歇根大学人类学博物馆牵头的国际研究小组，发现了高加索人在15000年前就到达了北美洲的证据。密歇根大学发言人布雷斯宣称，居住在美国和加拿大交界处的混血土著民，是早期高加索人的直系后裔。布雷斯与来自怀俄明州立大学、中国科学院、成都中医药大学、乌兰巴托的蒙古科学院的同事们，一起对21个史前人和现代人头盖骨的检测结果进行了对比。他们经过分析得出的结论是：最早的北美居民与亚洲人一点关系也没有。

布雷斯称，西北太平洋地区土著居民的血统与15000年或更早之前占领日本的高加索人的血统相似。《华尔街日报》的科技新闻记者和《福布斯》的助理编辑普丽西娜·梅耶居告诉对古代美洲感兴趣的读者们："已经有足够的证据表明，5000年前地球上有过一次人类大迁徙，在这次迁徙中，数以百万计的人乘船穿越了南太平洋。官方的文件和书籍中没有提到这样一次人口迁徙，但是不会出错的基因证据证明这是事实。"根据纳阿咔尔木片显示，利莫里亚在发生洪灾时的人口总量，已经达到了650万之巨。

假设最初的美洲人来自北亚，他们通过西伯利亚——阿拉斯加大陆桥来到北美，那这个大规模的人口迁徙要比他们晚了数千年。但是，在16世纪初西班牙殖民者到来时，大部分美洲印第安人居住在中美洲和南美洲一带，穿越南太平洋的这次人口迁徙，看上去能解释这一现象。如今，寻找其他解释途径的主流考古学者，找到了新的基因证据。最终，这些基因检测结果，能够帮助考古学家改写美洲古代历史。最近，科学家们跨越南太平洋，跟踪研究变异的人类基因，从东南亚到复活节岛，再到智利和秘鲁海岸，考古学家凭借独特的变异基因判断，这次大迁徙发生在公元前2500年~公元前1700年之间。他们也发现了4个基因，这4个基因只存在于东南亚和南太平洋群岛上的现住民之中……登记在册的现代美洲印第安人基因，包括危地马拉的玛雅人、皮马人，美国西南部的霍皮人和巴西雨林的提库纳斯人。

对南太平洋一带至美国西南部的基因追踪研究，证实了霍皮人的民间传说。这个传说，提到部分霍皮人来自西边的大海上，这些人恰好是在海浪吞噬他们原来的故土之前离开的。这一洪灾被水氏族永远纪念着，水氏族有一个具有启示作用的名字——帕提卡亚－姆。水氏族人在圆形的基瓦会堂里面举行祭祀仪式。通过弗兰克水事局的权威研究，霍皮人祖先乘坐的皮筏被尊称为帕提卡，基瓦会堂里面石块之间一层层堆放成十字架形的雪松，也暗示着人们逃离太平洋母国的洪灾事件。

帕提卡亚－姆的民间传说提到洪灾之后的幸存者在北美遇到了马萨，马萨是一个本地向导，他把他们带到美国西南部，在那里，他们过上了平静的生活。这些移民从他们沉陷的母国带出来的唯一物品，是一块缺了一个角的石板。马萨预言，在不久的将来，他们幸存的同伴会找到他们，那时这块石板就可以作为“身份证”出示给那些同伴看。数千年来，这块石板被他们小心翼翼地保存着。到了 16 世纪，他们的酋长把它献给了一个征服者，这个惊呆的西班牙人无所适从，只好把它保存着，之后又继续他的美国西部殖民之旅。生活在这里的霍皮人，至今仍然盼望着他们白色肌肤的同胞们的到来。

# 消失的姆大陆之谜

有一种说法，伊甸园不在亚洲，而是在太平洋一块已经沉没的土地上。《圣经》记载的上帝用 7 天 7 夜创造世界的故事，不是源自尼罗河或幼发拉底河流域，而是来自已经被淹没的姆大陆，也就是人类的母国。这个消失的大陆北起夏威夷北部，南至斐济和复活节岛，是人类最初的聚居地。在这个美丽的国度居住着一个统领世界的民族。12000 年前，该大陆被可怕的地震毁灭了，消失在一片水火之中。

## 消失的大陆

有关姆大陆毁灭的记录曾经让很多人心存疑惑。人们探索南太平洋白种人之谜，推断出了太平洋上曾经有一个繁荣的文明几乎在一夜之间灰飞烟灭。几十年前，科学家们非常怀疑太平洋中间存在过如此大的一块陆地。但是，那之后，很多记录公之于众，证明确实存在过这么一块大陆。以下几种证据说明了这块大陆的存在：

第一，在印度的寺庙里发现了一种神秘的黏土板，并且有人将黏土板上的文字解译了出来。这些在缅甸或者姆大陆写下的黏土板讲述了那加人是如何从太平洋中央迁徙出来，以及姆大陆上人类的创生故事。后来，玛雅、埃及与印度的相关记录里都描绘了姆大陆的毁灭。由于地震作用，地壳崩裂，姆大陆沉入到一个满是火焰的深渊中。之后，海水汹涌而过将其淹没，曾经的辉煌灿烂荡然无存。

第二，另外一些古代手稿也证实了姆大陆曾经存在。印度史诗巨著《罗摩衍那》就是其中之一。这部著作的缘起是阿约提亚圣人寺的住持纳兰那将寺庙古代的记录念给印度圣人兼历史学家蚁垤听，后者才写下了《罗摩衍那》。书中有一处提到那加人“从他们东方的诞生之地来到缅甸”，也就是太平洋的方向。还有一本书也提到了黏土板和蚁垤的故事，名叫《特洛亚诺古抄本》，现在存放在大英博物馆。这是在尤卡坦半岛用玛雅语写成的一本书。书中谈到姆大陆时用的符号和我们在印度、缅甸、埃及发现的符号相同。另有一种文献是和《特洛亚诺古抄本》大约同一时代的玛雅书籍《科尔特斯古抄本》，还有《拉萨记录》，以及在埃及、希腊、中美洲、墨西哥等地区流传的上百本文献和岩画。

第三，现存的一些遗迹的地理位置和某些图案也暗示了人类发源地“姆”的消失。

在南太平洋的马里亚纳群岛，特别是其中的复活节岛、曼格亚岛、汤加塔布、波纳佩岛和拉多尼斯岛，现在还矗立着很多石庙遗址，能将我们带回到姆国时代。在墨西哥尤卡坦州的乌斯马尔，一座寺庙废墟上刻着“西方的陆地，我们从那儿来”的字样。另外，根据位于墨西哥城西南方的壮丽的墨西哥金字塔上面的铭文来看，它也是为了纪念所谓“西方大陆”的毁灭而修建起来的。

第四，在埃及、缅甸、印度、日本、中国、南太平洋诸岛、中美洲、南美洲、北美印第安人部落以及其他一些古文明所在地发现的某些古代符号、风俗具有相当的共性。这些符号和风俗如此一致，可以肯定它们来自同一个源头，这个源头应该就是“姆”文化。有了这些证据链条，我们就可以追踪姆大陆毁灭的过程了。

这是一个旋转着的幅员辽阔的国度，从夏威夷北部一直延伸到南半球，复活节岛和斐济之间的那条线就是它的南部边界。这片大陆由三部分组成，东西 5000 多英里，南北 3000 多英里，中间隔着一条窄窄的峡谷或海沟。

传说中这是一个“美丽”的热带国家，拥有“广袤的平原”、丰富的牧草和耕地，“低柔的山丘”隐蔽在茂密的热带植物里。在这人间仙境中，没有突兀的山峰，因为它们还没有从地球内部被“挤”出来。这片雄伟的大陆上满是快乐幸福的生物，64000 万人是它们的最高统治者。

宽阔“平整”的大路“像蜘蛛网一样”四通八达。铺路的石头衔接得非常的紧密，以至于草都不能从石缝中钻出来。

在这个时代，64000 万人组成了 10 个“部落”或“民族”，相互间各有区别，但都由同一个统治阶级管理。

许多代以前，人们选出一位王，在他的名字前加上“拉”。于是他就变成了僧侣首领和君主，名叫拉姆。帝国的名字就是“太阳帝国”。

所有人都信仰同一宗教，通过象征符号来表示对神的崇拜。人们相信灵魂不朽，并最终回到它的“伟大源头”。他们相当敬畏神，从不敢说出神的名字，在祷告时总是用一个象征指代神。而“太阳拉”就是其最权威的象征。作为领袖，拉姆是宗教教义上神的代表，不是崇拜的对象，因为他只是一个代表。这个观念被深入教导和接受。

这个时期，姆国人民受到高度教育的启发。地球上从来没有过奴役，因为所有民族都是姆的子民，主权归于姆国。姆大陆上主要的人种是白人，除此之外，还有其他黄色、棕色和黑色皮肤的人种，但是数量不是很多。姆国远古的居民已经掌握了先进的航海技能，他们驾着船周游世界，从东边的海航行到西边的海，从北边的海航行到南边的海……他们也学会了建筑，用石头建起了宏伟的寺庙和宫殿。他们在整块石头上雕刻，然后矗立起来做纪念碑。

在姆大陆上，有 7 个主要的城市，它们是宗教、科学和教育的中心。三块土地上都分布着许多城镇和村庄。

很多城市都修建在河口附近。那儿是商业的中心，来自世界各地的船只在这里进进出出。姆大陆是母国，也是世界文明、教育、贸易和商业的中心。世界上其他国家都是她的殖民地。

根据各种记录、铭文得知，姆是人类出现的地方。精雕细琢的石庙遍布城市，这里的寺庙没有屋顶，有时被称作“透明”寺庙。拉的光芒因此能照射在祷告者的头上，这是获得神承认的一种标志。

作为优秀的航海家，他们的船只往返于各殖民地之间，运送游客和商人。

这片伟大的土地正处于巅峰，成了教育、贸易和商业的中心。壮观的石庙，巨大的塑像和整块石雕耸立在这片大地上。然而，就在这个时候，她遭受了一次猛烈的冲击。一场可怕的天灾突然袭来。

地震、火山一起爆发，海水卷向整个大陆，许多美丽的城市变成废墟。由于姆国是平的，火山喷出的岩浆并不流动，而是堆积起来变成圆锥形，后来便成了火成岩。今天在南太平洋的一些岛屿上还可以看到这些火成岩。

火山停止喷发后，姆大陆的人们慢慢淡忘了恐惧。毁坏了的城市重新被建立起来，贸易和商业也恢复了。

这次天灾之后很多年，姆大陆又一次成为地震的牺牲品。整个大陆起伏翻滚就像海里的波浪，颤抖着摇晃着，像暴风雨中的一片树叶。寺庙和宫殿坍塌在地上，纪念碑和雕像倒在地上，城市变成一片废墟。大地起伏抖动，地下的火焰喷发出来，呼啸着，直径达到数英里，它们穿透云层与漫天闪电交织在一起。浓浓黑烟笼罩着大地，巨浪从海岸滚滚而入，漫过平原。城市和生命在巨浪里走向毁灭。

姆，人类起源的地方，连同她所有引以为傲的城市、庙宇宫殿、科学艺术，都变成了一场噩梦。覆盖的水成了她下葬的寿衣。这块大陆遭受的灾难宣告了地球上一个伟大文明毁灭了。

在其后的将近 13000 年的时间里，姆国的毁灭在地球大部分地区留下了深深的阴影。现在阴影散去了，但是很多遗迹仍然埋藏在水下。

## 人在地球上出现的地方

按照《特洛亚诺古抄本》的记载和相关数据对姆年代大概的推算，我们推测姆大陆存在的时期是12000 ~ 15000年以前，接近历史时间的边缘。从各种记载来看，这块大陆应该是由三块不同板块组成的，三块土地相互间被浅浅的海或者海峡分开。至于大自然是如何将其分开的，就没有什么记录了。但是，埃及有个象形文字的意思是三块狭长的土地从东向西移动，这很有可能就是说姆大陆的情况。

《特洛亚诺古抄本》和《科尔特斯古抄本》都把姆大陆称为“山丘之国”或者“世界屋脊”。

我们发现水上小块陆地的地方有着明显的大陆架证据。我们确信这些小块陆地就是一块大陆剩余的部分。这一块块小块陆地上居住着未开化的野蛮人。他们距离其他大陆几千英里远，这有力地证明了，史前时期，这里有一个大陆，大陆上居住着高度文明化的人类。

从古代文献和南太平洋诸岛上的遗迹可以看出，人被创造成文明的人，但没有开化。他们认识到自己的灵魂、信仰，他们崇拜神灵，把具体的形象当成神圣的符号。这个现象揭示了人类当时大多处于智力尚未开发的境况，首批神圣符号需要足够简单才能向大脑传达一些常见的问题。但是在我们开始研究人类的时候，我们意外发现当时人类文明进步程度已经很高了。而那已经是5000年前的事了！

某些考古学家已经在他们的作品里提到了姆大陆和西方大陆，但是，因为没有认真核查关于他们的各种记录，而仅仅是做些推论。

谢里曼在只有《特洛亚诺古抄本》和《拉萨记录》两部记录的情况下，断定亚特兰蒂斯就是姆大陆。这些记录没有说明姆和亚特兰蒂斯是同一个，这仅仅是谢里曼做出的猜测。他也许还参考了其他文献，并且这些文献清楚地告诉他姆大陆位于美洲西部，即亚特兰蒂斯所处的位置，而不是美洲东部。但是亚特兰蒂斯和姆大陆都曾被火山爆发摧毁沉没，科学已经确定无疑地证明了这一点。

勒普朗根拓展了这个理论。他根据加勒比海周围陆地的轮廓，推断出中美洲就是西方大陆即姆大陆，却完全忘了这些记载是建立在西方大陆曾经被摧毁沉没了这一事实上的，而到现在为止，中美洲当然是没有沉没的。其可信程度就像说一个死人正和你争论一样。

这些谬误的产生，有的可能是因为欧洲人看到的某些记录是在美洲写的，读者没有经过深思熟虑，从欧洲的角度而不是从美洲的角度去看。这就和古希腊哲学家提到的亚特兰蒂斯一致，成了“海那边的土地——萨图尔努斯大陆（亚特兰蒂斯的旧称）”。

那些记录确切的差别是：美洲西方的大陆和欧洲海外的大陆。很明显，《希腊记录》的作者想要通过将海外的大陆即亚特兰蒂斯明确命名为萨图尔努斯大陆来规避错误。这么直白，肯定能够满足最挑剔的人！

《特洛亚诺古抄本》记载，姆大陆的沉没大约发生在12500年前（也许是12000年更准确），但是这数字只能是个大概，因为我们不知道《特洛亚诺古抄本》的具体年份。索切斯是赛斯寺庙的住持，他告诉梭伦，亚特兰蒂斯在11500年前就沉没了。而大洪水摧毁了西方大陆上面的集权国家，淹没了这个伟大的国度，因而连接大西洲的通道被摧毁，再也没办法去这个国家了。这显然否定了亚特兰蒂斯是姆大陆或者西方大陆的猜测。

写过姆大陆的人忽略了和史前大陆相关的最重要的线索，即南太平洋岛屿上的遗迹和乌斯马尔、尤卡坦半岛上奥秘神庙的墙上的铭文，还有在南太平洋岛民之间流传着的惊人传说。

依据记载和传说，从南太平洋诸岛上发现的遗迹来看，南太平洋岛民尽管现在处于半原始或者不太开化的状态，但是他们并不是一直以来都处于这种落后情况，他们的祖先显然高度文明开化。在很久很久以前的史前时代，他们的祖先遭受了巨大的灾难。上一次磁场大灾难即全球冰川期的发生标志着上新纪的结束。这个时期的水沉淀下来，形成了欧洲的砾石层。在砾石层上，发现了人的骨骸。内布拉斯加州（Nebraska）的洞穴人也被同一场灾难灭绝。

最令人惊奇的一个发现是南太平洋群岛中波利尼西亚本土种群是白种人。另外，他们的长相都相当漂亮，而外表也恰好与地球上的白人相似。

波利尼西亚群岛是那不幸的大陆参差不齐的残留物。有的记载也表明姆国人曾在墨西哥和中美洲居住，并将它们殖民地化。传说证实了一个事实：从姆国来的第一批殖民者是金发白人，他们被肤色较黑一点的另一白人种族群赶出了姆大陆。这些金发白人种漂洋过海，朝着太阳升起的方向前进，到达了一个很远很远的地方，并在欧洲的北部就是现在的斯堪的纳维亚定居下来。同样，这些记载也澄清了南欧、小亚细亚和北非曾经像玛雅、中美洲和亚特兰蒂斯一样，被棕黑人种作为殖民地并在此定居。

如果我们暂且抛开波利尼西亚白人不说，先来看看在西边远处南太平洋诸岛中一个叫密克罗尼西亚的岛屿上发现的棕色人种。他们和南太平洋诸岛上的白种人一样，都是活生生的标本。他们就像古希腊最美丽的青铜雕像。斐济人也是棕色人种，据说是南太平洋岛民中手艺最精湛的种族。

鸟作为神的创造力的象征，似乎是居住在姆大陆东北部的人关于创造力最显著的符号。其使用范围一直向南延伸到现在的夏威夷地区，也许更远。

毫无疑问，鸟形符号被姆大陆所有人奉为圣物，尽管它不是所有人喜爱的创造力标志。尼文的墨西哥石板显示，在各东方国家，例如埃及、巴比伦和古墨西哥有很多关于神鸟的记载。现在，北美印第安人还非常生动地把它称为“雷鸟”。印度传说是这样说的：“闪电是雷鸟在眨眼睛，雷声则是它的翅膀在扑腾；还有那雨，产生于雷鸟背中间的湖泊。”

夏威夷有个传说：一只高飞的大鸟降落下来，在海里下了一个蛋。蛋破开，便出现了夏威夷。

我们可以从中推测，古代夏威夷人也是用鸟儿象征造物主。

在埃及万神殿中，我们发现了一个以鹅这种鸟儿命名的神。鹅在东方神话中是神鸟。在埃及，这种像鹅的神鸟被称为“赛博鸟”“众神之父”“众神之基”等等。它是一个特别种类的鹅的埃及名字，以鹅做头饰而成为一个标志。赛博也被称作“伟大的母鸡”，生下了宇宙蛋，地球便来自其中。所以，人体也是从那蛋中出来的。《亡灵书》记载道：“我保卫伟大母鸡下的蛋。我荣它荣，我生它生，我吐纳空气它就呼吸空气。”这里也清楚表明了赛博鸟是原始创造力的标志。

北美印第安人的一幅图画也描绘了姆的毁灭，这幅图画来自印第安努特卡人。他们居住在加拿大不列颠哥伦比亚省温哥华岛的西边。

有成百上千的文献都在讲述姆和姆的毁灭。在古代玛雅文书中，也有各种复合符号形成的图案，比如《特洛亚诺古抄本》《德累斯顿古抄本》《科尔特斯古抄本》等等。即便这样，记录当时情景的图画却很少。首先，埃及人和现在的北美印第安人，这两者之间有很大差别。埃及人描绘了姆沉入到一个烈火深渊中，而北美印第安人讲的是海水涌入淹没了姆大陆。这是姆毁灭的整体描述中的两个阶段，因此埃及人和北美印第安人都是对的，尽管现在两个民族在地球上隔得很远。

## 失落大陆的相关记录

关于姆大陆的记录内容丰富，数量庞大。有的文字记录，告诉我们人类首次出现在地球的姆大陆上。其他的记录让我们知道了失落大陆的地理位置。

美洲大量的文字记录告诉我们姆大陆位于美洲西边。亚洲的纪录则说其位于亚洲的东边，“朝着太阳升起的方向”。由此看来，姆大陆位于美洲和亚洲之间，地处太平洋。而且，我们在海岛上发现了姆大陆宏伟城市和寺庙的石头遗迹，以及一个白人人种部落。

首先，我们来看看美洲的文字记录，从尤卡坦半岛一部名叫《特洛亚诺古抄本》的玛雅古书开始入手。有人估计这本书有1500年到5000年历史。

这本书称西方大陆是魁大陆。

魁大陆的意思是亡灵的大陆。“魁”是玛雅文，是从埃及语“卡”（Ka）的意义拓展延伸出来的。

古时“神灵”并不指神，而是亡灵。所以手稿中提到的“诸神灵的祖国”延伸开来就是人类的祖国。

加德纳威尔金森爵士是一位伟大的埃及古物学者。在《风俗习惯》一书第3卷70页中，他写道：“根据玛雅语，魁地或者魁大陆表示众神之母及人类之母玛雅神的诞生地。”

《科尔特斯古抄本》是另外一本逃过狂热的兰达主教眼睛的玛雅书籍。这本书现存于马德里国家博物馆。书中文字、图画等内容表明，它的年代可能和《特洛亚诺古抄本》相同。后者的语言象征性更强。这里有一点该书的片段：

日落之后，荷门用他强壮的臂膀摇晃地球。那个夜里，土丘之国姆诞生了。

盆地（大海）的生命——姆——是荷门在夜间创造的。

统治者死去，那地方就变得死气沉沉。它从它的地基上跳起来两次后就再也不动了，地狱之王冲了出来，大地剧烈地摇晃，他杀死了它并将其淹没。

姆从它所在的地方跳起来两次，然后成了火中祭品。巫师敲打着姆大陆的土地，让所有东西像一堆虫子一样乱跳，并在当晚成了祭品。

不言而喻，《科尔特斯古抄本》和《特洛亚诺古抄本》都是根据相同的寺庙记录写成的。《科尔特斯古抄本》仅仅给出姆大陆的象形文字名字，而《特洛亚诺古抄本》同时给出了它的象形文字名称和地理名称。

《拉萨记录》，这部记录是谢里曼在西藏拉萨古佛寺里找到的。谢里曼解译并翻译了这本书。它很明显与《科尔特斯古抄本》和《特洛亚诺古抄本》的来源不同，其年代更近，而且不是用玛雅文字书写的。

《拉萨记录》中有一段非常有趣的话：

当巴尔（bal）星落在现在只剩下天空和海洋的地方时，那装着金门和水晶庙宇的 7 座城市都颤抖着，晃动着，像暴风中的树叶。到处是人们痛苦的哭叫，他们在寺庙和城堡中避难。睿智的姆（象形文拉姆）站起来对他们说："我不是预言过这一切吗？"华服重饰的男男女女恸哭着："姆啊，救救我们！"姆回答道："你们将会和你们的仆人、你们的财富一起死去，新的国家将会出现在你们的骨灰上。如果新的民族忘了他们之所以高贵不是因为穿什么而是因为他们扔掉的东西，那他们也将遭受同样的厄运。"火焰和浓烟让姆语塞了，姆大陆和它的子民们被撕成碎片，被深渊吞噬了。

巴尔是一个玛雅单词，意为"大地的主人"。"水晶庙宇"无疑是翻译有误的。这些寺庙不是用水晶玻璃或其他什么透明材料建造的，它们是敞开式或者露天式的，所以太阳的光芒可以照在庙中祈祷的人的头上，就像如今的波斯寺庙。

勒普朗根在尤卡坦半岛发现的记录中写道："姆大陆的僧侣领袖预言了姆的毁灭。有的人听到预言后逃去了殖民地，因而幸免于难。"

但是，勒普朗根在谢里曼翻译出版《拉萨记录》之前多年就去世了。

乌斯马尔寺庙，这个寺庙在尤卡坦半岛的乌斯马尔，勒普朗根为其命名。寺庙的墙上有一段重要铭文，写着："这座大厦是纪念姆（西方大陆、魁大陆、神圣秘密的起源）的纪念碑。"

埃及圣典《亡灵书》包含了很多可以证明沉没的姆大陆确实是人类最初的居住地的证据。姆大陆以高度发达的文明统领着世界，其他国家仅仅是人们在姆大陆中心周围活跃的轨道。

《亡灵书》是这本圣典常见的叫法。埃及象形文字写作"Per–m–hru"。埃及学家说，Per 的意思是"来自"，hru 表示"一天"，m 是一个介词，意为"始于"。

但是，埃及学家对这本书的名字的真正含义，意见并不一致。普雷特博士在《论死亡之书的其他章节》中认为，这个名字应该理解成"从那一天出发"。布鲁格施在《斯坦史瑞夫特与碧波尔沃特》第 257 页中指出，其含义应是"日渐离开者的书"。雷菲布、马斯佩罗和雷诺夫则认为，其意是"日渐到来"。

《亡灵书》是一本纪念姆毁灭过程中丧生的众多生命的书，一本纪念埃及人乃至全人类的祖先的书。这就是"亡灵"一词的含义。从过去到现在，"祖先崇拜"在世界各地普遍存在。这份对祖先的爱和尊重，对祖国的热爱和奉献精神，就是"祖先崇拜"的来源。我们不也是这样吗？不也是在逝者的坟墓上放上鲜花吗？

没人知道《亡灵书》是何时成书的。但是第一个版本明显只包含了少量章节，后来逐渐添加，才变成了我们现在看到的样子。《亡灵书》的每一个章节都直接或间接地提到姆，书中有很多人类踏足埃及之前就划分给姆的符号。

## 姆：太阳帝国

姆文明诞生于常年夏天绿意盎然的大地，并且创建了地球上第一个大帝国，名为“姆帝国”。

传说中的姆帝国的国王称“拉姆”，拉代表太阳，姆代表母亲，因此姆帝国又被称为“太阳之母的帝国”和“太阳帝国”。姆国宗教崇拜宇宙的创造神——七尾蛇“娜拉亚娜”。姆帝国的首都喜拉尼布拉及各大城市，均铺有整齐的石板大道和运河，城市干道和宫殿墙壁都以熠熠闪光的金属装饰，呈现出一派富丽堂皇的景象。姆人有很高的智慧，又精于航海，经常组织殖民团向海外发展。最初的一团由卡拉族人组成，向东航行，从中美洲抵达南美洲，在当地落脚生根，创建了“卡拉帝国”。那卡族的一团也是向西航行，却在南亚缅甸登陆，沿印度方向开拓，建立了著名的“那卡帝国”。那卡人的智商很高，科学技术水平超出姆国之上，他们发明了飞行船，经常飞回姆国，带去各种珍奇物品和金银宝石。

姆帝国虽然日趋繁荣，但潜在的危险始终存在，灭顶之灾是突然降临的，所以不少史料馆将其说成是神的惩罚。国王虽拥有太阳母亲之伟力，但仍然无法避及这个灾难。整个大地和大地上的城镇、森林、人和动物已渐渐沉落，最后被橘红色的熔岩汇流成的巨大深渊所吞没。

1868 年，印度中部发生了空前大饥荒，社会动荡不安，当时统治印度的英国派兵增援，维持治安，其中有一位特别喜爱东方文化的青年军官乔治·瓦特陆军上尉，他虽然身材矮小，少了点军人的威严，却赢得了当地居民和印度教僧侣的信赖。

乔治·瓦特在一座寺院里观赏墙壁上的浮雕，经一位熟识的高僧引导，他发现寺院的秘密仓库中保存的一些古老的黏土板（Naacal 板），上面满是由直线和曲线组合成的图案字，传说上面刻着远古世界的人类故事。乔治·瓦特和高僧一起开始研读古老的黏土板，经过两年多的共同努力，终于解读了黏土板的内容。乔治·瓦特发现特洛阿农古抄本和黏土板书版实为同源，于是借用了 MU 这个词作为那块古大陆的名字。

浩瀚无垠的太平洋哪来如此文明、发达的一块大陆呢？尽管黏土板上明确记载着姆大陆的一切，他们还是难以置信。有志探险、好学不倦的乔治·瓦特决心奉献一生去探索这座传说中的大陆。

乔治·瓦特为了证明自己的发现，从印度、西藏、泰国、柬埔寨，再到太平洋诸岛，开始了至今仍然充满争议的姆大陆文明探索之旅。

乔治·瓦特一路看过土亚摩土群岛的金字塔状祭坛、塔普岛的石门、迪安尼岛的石柱、雅布岛的巨型石币，还有努克喜巴岛的石像。这些超越时代认知的文明遗迹，像散落在太平洋面上的闪光珍珠，逐渐在乔治·瓦特的意识里串联成形。

生活在南亚次大陆最南端的泰米尔族，坚信在远古时期，祖先们生活在位于赤道附近一块名为“纳瓦拉姆”的大陆南部，首都南马德拉后来沉入海底。在南马德尔，乔治·瓦特感受到了心灵的震撼。南马德尔属于密克罗尼西亚联邦的加罗林群岛；位于波纳帕岛外，新几内亚东北约 20 千米处。在这里，由 98 座人工岛和其他附属建筑物组成了气势恢宏的文明遗迹。玄武岩构造而成的远古城垣、宫殿、神庙和居民区，发达的岛际运河，显示出与其现存小岛文化极不相称的超古代文明。

在这些地方，乔治·瓦特听到的是同一个传说，传说都是关于姆国沉没的远古悲剧。乔治·瓦特确信姆帝国不仅仅是神话，它的秘密就埋藏在深不可测的太平洋广袤的海平面下。更重要的是，他知道自己并不是为了追寻姆大陆唯一的苦旅者。20世纪初叶，英国人种学家麦克米兰·布朗在《太平洋之谜》一书中，首次提出远古时期太平洋曾经有过一个高度文明发达的大陆。英国历史上最著名的航海家库克毕生寻找这个太平洋地区传说中的大陆，但最终无功而返。

在乔治·瓦特发现那加尔书板并开始进行文明探险的数年以后，在墨西哥城附近，矿物学家威廉·奈本掘地10米，发现了一座已经进入铸铁时代的印第安古城遗址。据探查，这个古城是在大约12000年前被毁灭的。与此同时，在墨西哥城北8千米左右地点的地下，人们挖出了2600多块石碑，其中之一的碑文这样写道："此圣殿是遵循守护神的代言者，我们伟大的君主——拉姆的旨意，修建在姆大陆开拓地，庇佑西方太阳帝国的使者。"

在美洲大陆的另一个地方，尤卡坦半岛最著名的蒲冬玛雅城邦乌斯马尔西部的神庙墙壁上刻着这样的碑文："这座建筑物是为了纪念姆，即西部大陆，灵魂大陆神圣的神秘发生的地点而建筑的。"欧洲人入侵带来的瘟疫和火器让印第安文化残酷中断，其中，记录着古代玛雅传说的《特洛亚诺古抄本》流落到了西班牙的马德里博物馆，学者鲁布朗琼让这种已经死亡了的古玛雅文字重新还魂，发现此书和印度的那加尔书板同样源自姆大陆的圣典《神圣灵感之书》，书中涉及姆帝国的历史，写道："刊六年，十一牟鲁枯，沙枯月发生恐怖大地震，黏土丘国姆大陆招致灭顶之灾…… 这件事发生后的8060年，才著成此书。"学者认为，这段记载中，"刊"是姆帝国一位君王的名讳，"牟鲁枯"是姆历中的日期，"沙枯"是姆历中的月份。信息非常明白：刊六年，十一牟鲁枯，沙枯月，一个远古超文明古国被突如其来的天灾毁灭，失去母国的姆帝国殖民地也在随后的数千年里逐渐衰弱，最后只留下被质疑的繁荣盛世为后世所追忆。他认为这指的就是亚特兰蒂斯的毁灭，但他没有沿用亚特兰蒂斯的名字，而是用"MU"来指代它，因为古抄本中有一对文字反复出现，而这两个字很像字母 M 和 U。

乔治·瓦特周游太平洋寻找姆大陆的遗迹，并加以归纳整理，1931 年，他的著作《消逝的大陆》在纽约出版，成为轰动一时的畅销书。此后，他陆续推出了《姆大陆的子孙》《姆大陆神圣的刻画符号》《姆大陆的宇宙力》等一系列专著。长久以来，这些著作被正统的学术界认为是痴人说梦，而另一部分人，却可以接受这是一种严肃的假说，甚至认为姆文明正是当代人类文明之母。乔治·瓦特描述了一个令人震惊的史前大陆，详细描绘了姆大陆以往的繁华兴盛及其毁灭经过。

很久很久以前，太平洋上有一个姆大陆。大陆上有巨大的神殿和 7 座洋溢着椰子绿的美丽都市，人们在灿烂耀眼的阳光下过着自由自在的生活。据说姆大陆文明之始至少要追溯到 5 万年以前。可是一个不幸的日子来临了，先是大地令人毛骨悚然地鸣动，接着是火山活动，最后致命的一击是地盘鸣动，喷火和地震同时爆发，大地像海浪般地起伏，火柱将天空染成地狱的色泽，美丽的城市像积木般崩塌了，姆大陆文明就此消失于汹涌的太平洋上。

200 多年前，一艘正在太平洋上航行的荷兰军舰，在距离南美洲 3000 千米处发现了一个无名小岛。那天正好是复活节，于是就把这个小岛取名为复活节岛。岛的面积约 120 平方千米，岛上没有大的树木，绿草萋萋的高原上，有一个火山喷发口的遗迹。岛上的居民属于东南太平洋列岛上的波利尼西亚血统的土族人，有 6000 人左右。岛上有用巨石垒成的墙、石阶以及用石块建造的神殿、金字塔等。令人奇怪的是，岛上四处还有许多用石头雕琢的面海而立、形状奇特的半身人像，共 200 多尊。高度四五米至 10 米不等，而且复活节岛上还保留着刻在石板上的文字，这些文字不同于世界上任何国家和民族的文字，至今没有人能看懂它。因此很多人推测，复活节岛可能是姆大陆沉入海底时的弃儿。 姆大陆沉入海中一说有其道理。因为地壳是在不停运动的，在这种运动中，有时高山沉入海底；有时海底上升，继而成为陆地。

姆大陆被太平洋吞没距今已有 1.2 万年。各殖民国也因母国的丧失而走向衰落。卡拉帝国受姆大陆沉没的冲击，大地开始隆起，亚马逊河干涸，形成安第斯山脉，都市变成丛林，人们又回归于原始生活。西藏变成高原，中亚成为不毛沙漠。那卡帝国虽有发达科技，维持了短期繁荣，不久也发生内乱，走向自我毁灭。后来印度神话所传空中战争、超级兵器等故事，大概就是指的这场内战。

苏联学者格尔波夫斯基的著作《古代之谜》中，写到自己在恒河流域研究一具古人体残骸时，惊异地发现其体内的放射性比正常人要高出 50 倍。另一位著名物理学家弗里德里克·索迪认说："我相信人类曾有过若干次文明。人类存在早期已熟悉原子能，但由于误用，使他们遭到了毁灭。"

后来考古学家在印度的旁遮普地区，也就是古印度典籍中提到的俱卢之野，发现了一个在 5000 年前就消失的古城马亨佐·达摩（印度语为死亡之谷）。印度考古学家卡哈等人发现，这里许多坍塌的建筑物上有某种高温的痕迹，人们甚至发现一些"玻璃建筑"——托立提尼物质。这种物质的形成是由于瞬间高温熔化了物体表面然后又迅速冷却造成的。至今人们只在热核武器爆炸现场发现过这些人为的物质。也就是说，这里确实在 5000 多年前，经历过一次毁灭性的核爆炸。至此，在母国沉没的数千年之后，姆大陆最杰出的分支，那卡帝国的最后子民，被核大战摧毁，规模化的文明变成了永远成谜的碎片。这些碎片，成为现代文明的启蒙，最终催生成了四大文明古国，并延续至今。不孤独的大陆姆大陆不是唯一的沉没之地，在此之前，传说中还有另外两块消失的大陆——亚特兰蒂斯和雷姆里亚。这样，乔治·瓦特就让消失的文明变成了三个：印度洋中的利莫里亚大陆、大西洋中的亚特兰蒂斯大陆、太平洋中的姆大陆。

据地质学家的推测，利莫里亚大陆约在 3400 万年前，即地球第三纪初期时开始沉没，约在 2500 万年前完全沉没。利莫里亚文明只存在于神秘主义者的想象中。生活在19世纪末的埃雷娜·布拉巴斯基在她的神秘主义进化论中，把利莫里亚人也列为地球17个始祖之一，她把他们描述成雌雄同体的卵生怪胎。英国神学家斯科特·埃里奥特眼里的利莫里亚人更为荒诞，是一群牵着恐龙的低能巨人。这些假设只是猜测，并没有科学和考古依据。

三座大陆中最广为人知的，就是据说是在赫尔克里士柱石的直布罗陀海峡以外的亚特兰蒂斯。在各种典籍里，亚特兰蒂斯是一个高度文明的大帝国。公元前380年，古希腊哲学家柏拉图发表了自己著名的语录体哲学著作《泰密阿斯》和《克利斯提亚》，里面提到他的表弟、苏格拉底的弟子克里西亚斯三次告诉他这个故事是真实的。公元前590年，雅典立法者梭伦访问了埃及。埃及祭司告诉他："在遥远的过去，你们国土上居住着一个有史以来最聪明、最高贵的种族。你们不过是这个种族残存的后裔。由于那里发生了强烈的地震、大洪水和一天一夜的暴风雨，使这个伟大的民族统统被埋葬。亚特兰蒂斯沉入海底，消失了。"

柏拉图对上述说法深信不疑，而且后世也确实在埃及的古代典籍《死亡书》中，找到了有关海洋中大陆沉没的图形记载。柏拉图得到了老师苏格拉底的支持，苏格拉底曾经说过："好就好在它是事实，这要比虚构的故事强得多。"但是柏拉图说服不了他的弟子亚里士多德，亚里士多德认为这是他的老师虚构出来的一个故事而已。这种争论一直延续到现在。据柏拉图的记述，12000多年前，亚特兰蒂斯存在于今天直布罗陀海峡以西的大西洋海域中，柏拉图说它"面积比利比亚和小亚细亚的总和还要大"。依据他那个时代的观点，面积大约为今天的1000多万平方千米。柏拉图说，亚特兰蒂斯有绵延的崇山峻岭和草木茂盛的平原，矿产资源十分丰富，尤其是古希腊人看重的铜蕴藏量十分丰富。正是在这片富庶的土地孕育了一个高度发达的文明社会。柏拉图说，当众神之王宙斯与他的兄弟波塞冬、哈得斯一起推倒了他们的父亲克洛诺斯在天上的统治后，抽签瓜分天下。宙斯抽得了大地与天空，哈得斯抽到了地狱冥府，而波塞冬得到了海洋以及亚特兰蒂斯。这样，波塞冬成为海洋之神，并成为亚特兰蒂斯的保护神。亚特兰蒂斯人用波塞冬的名字来命名这座城市，这座宏伟的城市用红、黄、黑三种颜色的石头建成，城内的重要建筑用黄铜、白银来装饰。供奉海神波塞东的神庙更用大量的黄金、象牙加以装饰，华丽非凡。全城用 5 个同心圆划分为 5 个区，首都通过四通八达的运河系统与全岛联系。在岛的正中心有一根巨大的黄铜柱子，在铜柱的上面，镌刻着海神波塞冬为居民制定的神圣法律。这个强大的帝国历经了 10 个伟大皇帝的统治，当时无人能与之抗衡。他们派出强大的舰队征讨地中海沿岸的国家，无往而不胜，只是当他们进军雅典的时候，才在雅典重装步兵的攻击下遭到失败。这时，岛上的居民由于生活的富足，日益变得骄傲、腐化和堕落，他们竟然抛弃波塞冬而崇拜起各种异教神灵，终于导致灾难，海啸和大地震相继发生，一天一夜，整个亚特兰蒂斯沉入汪洋大海，这个伟大的古代文明就此灭亡。除了柏拉图之外，斯特拉波、普利里乌斯等古希腊罗马学者，也写过关于东方海洋里的大陆“塔普罗巴赖”的故事，虽然名称不同，但是描述大同小异。

19 世纪中期，美国考古学家德奈利出版了他的研究成果《亚特兰蒂斯：太古的世界》，他也因此而被誉为“科学性的亚特兰蒂斯学之父”。到今天为止，关于亚特兰蒂斯的新发现层出不穷，然而还是证明不了它的必然存在，人们仍然还在带着梦想追寻，或者是追寻一个不求解的梦想。

乔治·瓦特笔下的姆大陆和亚特兰蒂斯何其相似：史前文明高度发达；由于人类的贪欲，遭天谴毁灭；亚特兰蒂斯是由波塞冬的 10 个儿子掌管，即以阿特拉斯为首的 10 大摄政王，而姆帝国的子民也刚好是由 10 大种族构成。正是由于太过雷同，乔治瓦特的姆大陆才会被学院派的学者们嘲笑为是对亚特兰蒂斯的蹩脚模仿，另一些人则认为姆大陆就是亚特兰蒂斯。比如尤卡坦半岛玛雅遗址的最早发掘者、法国学者奥格斯特·普伦金所写的《姆大陆女王和埃及斯芬克司》一书就认为，姆大陆存在于大西洋中，和亚特兰蒂斯重合。对此，乔治·瓦特的答案是：亚特兰蒂斯和姆大陆，是同一时期不同地域的不同文明。在乔治·瓦特的时代，交通和信息水平限制了他的游历，他只到过太平洋地区的一些地方，所以只是声称在太平洋诸岛和印度都有关于大陆沉没的传说。

后来的研究证明，他关于姆大陆沉没传说的流传地域认识只是冰山一角。可以说，地球的每一个有人类文明迹象的角落，几乎都有版本大同小异的古老传说。其实在中国古代典籍《列子·汤问》中，也记载有大陆沉没的事件。蓬莱仙境中的岱舆、员峤两座仙山，就是漂移到北海之后沉没的。中国西藏的古占星术典籍《拉萨记录》被乔治·瓦特多次引用，《拉萨记录》中也记载了姆大陆消亡的情况，其中提到姆大陆的沉没是发生在编写该书之前8062年的事件，《拉萨记录》是距今4000年前的作品，加起来正好是12000年。由于一场规模波及全球的大灾难，它们毁于同样的原因，在同一时刻从地球上消失。姆大陆到底存在与否，最大的问题在于，还没有一位科学家能提供12000年前发生过那场灾难的确凿证据。另外，乔治·瓦特认为安第斯山脉形成于姆大陆毁灭之后，然而在地质学上，一般认为地球上最后一次造山运动——阿尔卑斯造山运动发生在距今6000万年前，这样的落差，是很难说服严谨的科学家的。不过，美洲玛雅人的《特洛亚诺古抄本》《德累斯顿抄本》《波斯抄本》《科特西亚抄本》、北非埃及的纸莎草典籍、中国的《拉萨记录》《列子·汤问》，以及散落在太平洋及世界其他地区关于大陆沉没和失去母国的远古传说，其惊人的一致性让人匪夷所思，其中一些细节的雷同让人怀疑那些史前的人们是否在跨洋串供——这个荒诞的假设让现代的科学很尴尬也很难接受。在古埃及的楔形文典籍里，记述了有关太阳神拉的事迹。这个太阳神在埃及第三王朝以后成为主神，法老被视为太阳神之子。太阳神的名字和姆帝国都是一脉相承。玛雅的圣典清楚地记载着：尤卡坦半岛的最早居民，是来自东方的神蛇的子民。从苛求考据的学院派看来，多罗迪·维塔莱诺的《地球的传说》比较有建设性，该书认为亚特兰蒂斯最初是源自地中海中一个小岛，被火山爆发所毁灭，或一个古代城市在地震后沉没于科林斯海湾。后世震慑于大自然的伟力，经过数代的加工放大，历史变成了传说，传说又变成了神话。然而这样的解释还是不能让人信服的，因为一样缺乏证据的支撑。

乔治·瓦特毕生探索研究留下了一份丰厚的文化遗产。作者已逝，而他笔下的姆大陆之谜，却引起了后辈专家学者们的浓厚兴趣，并展开了长时间的争论。持否定态度的是学院派。他们怀疑太平洋上存在过担负海上交通的某种文明圈，按历史发展常识，很难想象数万年前有如此庞大的世界帝国，而古黏土板也未见公之于世，所谓的姆大陆只不过是乔治·瓦特自身的幻想而已。探索派的学者却列举太平洋群岛大量古代遗迹和民间传说，力证姆大陆的确存在过。比如波南佩岛上由98座人工岛及其他建筑物所组成的巨大遗迹——南玛塔尔，就属于与小岛文化极不相称而与姆文明有某种联系的超古代文明。南玛塔尔98座岛全系人工建筑，每个岛上均有用玄武岩所造成的城壁、正宫、神殿和住宅，岛与岛之间有运河相连，显示以往的南玛塔尔应是和威尼斯一样的水上城市，昔日繁荣可见一斑。

令人感兴趣的还有土阿摩土群岛上与玛雅金字塔极为相似的祭坛、塔普岛的奇妙石门、迪安尼岛石柱、雅布岛的巨大石币、努克喜巴岛石像等，这些距离遥远的小岛遗迹，竟有着明显的相似点，而且各岛都有着大岛沉落的传说。

为什么古埃及法老从第五王朝以后都被称为拉的儿子？当然，他们要成为拉，成为太阳。在詹姆斯·乔治·瓦特的《姆：消失的大陆》一书中给出了一些值得思考的可能。在那本书的第六章里面也涉及了拉玛。

许多古代的研究者已经注意到这个情况，有些古代的帝王和国王被给予“太阳的儿子”这样的称谓。他们试图找到这个称谓的由来，却完全失败。

要发现这个称谓的确实原因，我们必须回到地球上的第一个帝国时代——太阳帝国。这个帝国形成于人类共同的祖国，他们的皇家符号就是如此设计的。

姆——太阳帝国——的皇家符号，绝不是随意设计的，它的每一行都有特别的意义，如同下面的解释和翻译展示的：

A. 一个盾牌形状在一个传统的字母 M 中，姆的象形字母中的一个。这是姆的符号字母。这个字母是姆的真实名称，正如字母 M 在姆的语言中发音为 Mu 和 Moo。

B. 这个象形的（符号）是在符号和解读中的核心图形：U-luumil——发音为 Oo-loo-oom-il，翻译成“……的王国”。

C. 包围着刻画符号的圆圈是太阳的图形，这和刻画符号合起来读成“太阳的王国”。加上盾牌形状的前缀，就成为“姆，太阳的王国”。

D. 太阳有 8 道光芒，象征有 8 个最重要的点，这是说整个地球在它的掌管之下。

E. 包围着光芒的圆圈是宇宙的符号。这个宇宙是为人类设计的，是人的宇宙、地球。这样展现她的光芒、她的影响，给予所有的人。

这样，姆的皇家符号告诉我们，所有的地球人类是在她的掌管之下。姆是整个地球的管理者，这得到了南美洲印第安文献的再次肯定。

传统的说法，当姆转换成为王国，圣书体文字被掌权者所选择，表示了宗教教导的神性。太阳被称为拉，是神的统合和最高级的符号。这样，太阳的符号就是“众王之王”。

被选为国王的，象形文字赋予他“拉”的称号，拉称为皇家的符号。这个称呼被加在姆大地的名字上，这样国王的全称就是拉姆，或者太阳姆。因此，一个新的名字被加在这块土地上，称为“太阳的帝国”。

这个太阳的帝国开始的时间无从知晓。在她控制下的王国和领地可以追溯到 35000 年前，这样太阳的帝国只会比 35000 年更早，没有人能告诉还早多少。可能是一千年，也可能是几万年。在这点上，古老的记录和传说都没有给我们一丝线索。

显然，当不同的殖民地变得过大并且难于管理时，王国会变更，但仍然在太阳帝国的控制下，这样整个世界是在单一控制之下的大家庭。殖民地的王国发生变化，第一个国王总是祖地皇室家族的成员，可能，这个新的国王被赋予太阳之子的称号。这并非暗示他是太阳天体的儿子，而是太阳帝国的太阳神的儿子或太阳帝国的儿子。

新王的象征仍然是太阳，表示的是他是太阳帝国的成员，或者一个部分，只有半个天体展示在地平线上，光芒从这里升起。

上升的太阳是今天一些不同国家的象征，其中有日本和中美洲的国家等。

在乔治・瓦特的著作里，姆文明的某些方面，甚至超过现代人类。正是由于拥有高超的航海术，姆帝国的殖民团才得以在泛太平洋地区遍地开花，甚至在母国消失之后，还能成为现代人类文明启蒙之星火。在古印度的神圣典籍《摩诃婆罗多》和《罗摩衍那》中，或许能找到一些假设的答案。印度是乔治・瓦特发现姆文明最初的起点，姆文明的最后城堡就是那卡帝国，而那卡帝国的版图，就包括古印度。在距今 5000 年以前，那卡帝国的末世后裔（婆罗多族的两个分支）俱卢族和般度族，还有后来的维里什尼族和安达喀族，在印度恒河上游的不同时期里发生了两次骇人的核战争，从而断送了姆文明最后的延续，走向自我毁灭。在广博仙人毗耶娑所著的《摩诃婆罗多》中，般度族五兄弟在毗湿奴大神的第八化身黑天的协助下，和表兄难敌率领的俱卢族，在俱卢之野展开 18 天的鏖战，最终以惨重代价赢得战争。《摩诃婆罗多》记载：俱卢族的战士乘坐一种被称为“维马纳”的飞行器，使用一种被神禁用的武器残酷攻击般度族。俱卢族的第一部将廓尔喀在个人立场上同情般度族，却被迫坐着维马纳，向般度族占据的城池投下这种名叫阿格尼亚的超级炸弹。这些武器从外表看去，“好像一支巨大的铁箭，使人感到好像是死神遣来的巨大使者”。

故事中有如下一些片段：

“廓尔喀乘着快速的维马纳，向敌方三个城市发射了一枚火箭。此火箭似有整个宇宙力，它在爆炸的一瞬间，天空中明亮得好像一万个太阳，烟火柱滚升入天空，壮观无比， 一点烟也没有，闪光的炮弹像一团火一样发射出去，浓雾一样的东西突然包围了军队。整个地平线都消失在黑暗中。带来的旋风刮起来了。黑云一样的东西咆哮着，带着巨大的响声升到高空，使人感到连太阳都不存在了。这种武器的热量使大地和天空都变热了。被火焰炙烤的大象，在恐惧中没命地奔跑。水在沸腾，动物们都死于火焰和沸腾的水，敌人被歼。愤怒的火焰使森林里的树木大片大片地燃烧而倾倒，密集的火舌不断像暴风骤雨般地从四面八方落下。大象长吼一声，撕心裂肺，倒地毙命，横尸遍野。战马与战车焚毁殆尽，呈现出一派大火劫后的惨相。数以千计的战车被摧毁，大海一片死寂。风开始刮起来了，大地通红发亮…… 阵亡者的尸体被可怕的高温烧得残缺不全，如同烧焦的树干，毛发和指甲全都脱落了，陶瓷碎裂，盘旋的鸟儿们在天空中被热浪灼死。”

在爆炸之后幸存的所有士兵，都急急忙忙跳进附近的河里，匆忙脱去铠甲，在那里清洗各自的衣服和武器。作者解释说，一切生物一碰上这种武器，就会变得憔悴孱弱。这很容易让人联想起核爆后引发大面积灾难的核辐射污染。据记载，大神黑天曾经作为调解人，以天神的名义，明令禁止这种武器的使用。在人类违背了天意，遭到了天谴之后，所有剩下的超级兵器被打得粉碎，扔到了海里。这可以视为订立于史前的核不扩散条约和核武销毁行动。在比基尼岛上的核爆成功以前，所有人都认为，印度神话里这种被叫做“婆罗门的武器”或“雷神火焰”的东西，不过是诗意的夸张，等到全球都在核战阴影下被压抑的时刻，回头看看这部古印度圣典，才发觉核大战可能已经在数千年前发生过，结果是文明被摧毁。

玛雅文化中有三本古书，它们分别是《pariscodex》《ltesdencodex》及《troanocodex》。而奥古斯都、里让琴对《troanocodex》的研究发觉这本古书中有几页在讲述“从地表上被抹去的神秘土地：姆大陆在玛雅 kan 朝六年的第十一个 muluc( 玛雅历 ) 里”，这里发生了场空前惨烈的大地震，在强烈的地震下，这地区便在一夜间全部下陷，而地底内持续传来可怕的火山爆发。这片土地在这强烈地震下数度起伏，最后裂开，这片土地上的 10 个国家一同消失于地面。这悲惨的一页是发生在《troanocodex》前的 8060 年。

美国学者詹姆斯对这种说法十分赞同，更找到一块石碑加以证明。在他的著作《消失的陆地姆大陆》一书中写道：由于阳光的辐射率致使地表过热，进而大量释放埋于地层的气体，以至地层下陷，姆大陆因而消失。他进一步推论，姆大陆族曾位于西哥河谷一带，后来扩张领土。根据他推论，认为姆大陆这块土地位于太平洋，而且更认为亚特兰蒂斯是姆大陆所属的殖民地。但以自然科学理论，有很多人不同意这种说法。

这些关于先民活动和大陆沉没的记载，无一不蒙上了厚厚的神话或宗教色彩，以至于人们带着诗意的浪漫眼光去看待，却并不认为这是诗化的史实。这是正常的。当超文明出现在后世时，由于真相的复杂程度超过发现者或继承者的认知能力，这时事实就会被神话和宗教化。如何从神话的表象底下挖掘出史实，这是困扰当今所有人的一个问题。

关于姆帝国的文明，探索派认为是莫须有，学院派认为是乌托邦，也许 100 年或者是 1000 年后，答案揭晓，也许这个答案根本就不存在，只是欧洲寻找新大陆热潮时期的狂想。这些并不重要，重要的是对过去未来的探求和争论从未停止，这让我们这一代人类不断超越，世界在我们的眼里越来越明亮。

姆帝国的结局，也许就是世界上许多民族洪水传说的源头。据不完全统计，世界上有近400个不同民族都有关于远古洪水的神话，包括我们中国在内。但现在对姆帝国下结论还为时过早，相当部分的人认为它其实就是亚特兰蒂斯。关于两者的传说，世界各地的洪水神话都有很多相近之处，甚至灭亡的时间也非常接近。

中国关于上古大洪水的记载：

《淮南子·览冥训》记载说："往古之时，四极废，九州岛岛裂，天不兼覆，地不周载。" 洪兴注曰："凡洪水渊薮自三百仞以上。"

《尚书·尧典》记载说："汤汤洪水方割，荡荡怀山襄陵，浩浩滔天。"

《山海经·海内经》记载说："洪水滔天。""鲧窃帝之息壤以湮洪水。"

《楚辞·天问》说："洪泉极深，何以填之？地方九则，何以坟之？"

《孟子·滕文公》记载说："当尧之时，天下犹未平，洪水横流，泛滥于天下。""当尧之时，水逆行，泛滥于中国。蛇龙居之，民无所定，下者为巢，上者为营穴。"

西方国家也有关于洪水传说：

《圣经·创世纪》中这样写道："此事发生在2月17日。这一天，巨大的深渊之源全部冲决，天窗大开，大雨40天40夜浇注到大地上。"诺亚和他的妻子乘坐方舟，在大洪水中漂流了40天以后，搁浅在高山上。为了探知大洪水是否退去，诺亚连续放了三次鸽子。第三次，鸽子衔回了橄榄枝，说明洪水已经退去。

《圣经》中关于诺亚方舟的故事：因为人类的堕落，上帝降大洪水惩罚，留下义人诺亚一家，并吩咐各救一类动物以传后代……

在出土的公元前3500年前的苏美尔泥版文书中，对大洪水做了如下记载："早晨，雨越下越大。我亲眼看见，夜里大粒的雨点就密集起来。我抬头凝视天空，其恐怖程度简直无法形容……第一天，南风以可怕的速度刮着。人们都以为战争开始了，争先恐后地逃到山里，什么都不顾，拼命逃跑。"

在秘鲁印第安人的传说中，大神巴里卡卡来到一个正在庆祝节日的村庄，因为他衣衫褴褛，所以没有人注意他，也没有人请他吃东西。只有一位年轻、善良的姑娘可怜他，给了他一点酒水。巴里卡卡为了感激她，就告诉她说，这座村庄在 5 天以后便要毁灭了，叫她找一个安全的地方躲起来，并嘱咐她不能把这件事告诉其他人。于是，巴里卡卡引来了风暴和洪水，在一夜之间便把整个村庄给毁灭了，大水一直淹没了高山。

巴比伦人的神话说，贝尔神恼怒世人，决定发洪水毁灭人类。伊阿神事前曾吩咐一位在河口的老人选好一只船，备下所有的东西……大雨下了 7 天，只有高山露出水面。

一直保留到今天的一种古代墨西哥文书《奇马尔波波卡绘图文字书》说："天接近了地，一天之内，所有的人都灭绝了，山也隐没在了洪水之中……"现在居住在危地马拉地区的印第安基奇埃族，有一种古文书对灾变做了如下描写："发生了大洪水……周围变得一片漆黑，开始下起了黑色的雨。倾盆大雨昼夜不停地下……人们拼命地逃跑……他们爬上了房顶，但房子塌毁了，将他们摔在地上。于是，他们又爬到了树顶，但树又把他们摇落下来。人们在洞穴里找到了避难的地点，但因洞窟塌毁而夺去了人们的生命。人类就这样彻底灭绝了。"

《玛雅圣书》记载："这是毁灭性的大破坏……一场大洪灾……人们都淹死在从天而降的大雨中。"

印度有一则传说，有一个名叫摩奴的苦行僧在恒河沐浴时，无意当中救下一条正被大鱼追吃的小鱼，他将这条小鱼救回家，放到水池中养大，又送回恒河里。小鱼告诉他，今夏洪水泛滥，将毁灭一切生物，让摩奴做好准备。到洪水泛滥时，小鱼又拖着摩奴的大船到安全的地方。此后摩奴的子孙在这片土地上繁衍，摩奴成了印度人的始祖，而《摩奴法典》一书也由他传了下来。

# 消失的海岛文明

世界上有许多与世隔绝的无名之岛。在智利以西南太平洋上，一座小小的海岛似乎却充满了人类文明之谜。这座小岛就是复活节岛。这个岛表面上没什么特色，既不怎么宽广，也没有神奇的风景，不过是早已沉寂的火山岛而已。但是，令人匪夷所思的，就在此岛上分布着上百座神秘的巨型石像。这些石像来自哪里？是什么人雕刻的？它们又是用来干什么的？有什么不为人知的寓意？这些一连串的谜，让这个小岛成为史上最为神秘的海岛之一。

## 谜一样的石像之林——复活节岛

复活节岛是智利的一个小岛，距智利本土 3600 多千米。据说，1722 年荷兰探险家雅可布·洛吉文在南太平洋上航行探险，突然发现一片陆地。他以为自己发现了新大陆，赶紧登陆，结果上岸后才知道是个海岛，正巧这天是复活节，于是，他就将这个无名小岛命名为复活节岛。1888 年，智利政府派人接管该岛，说来也巧，这天又正好是复活节，取名叫复活节岛。复活节岛呈三角形状，长 24 千米，最宽处 17.7 千米，面积为 163 平方千米。岛上死火山颇多，有 3 座较高的火山雄踞岛上三个角的顶端，海岸悬崖陡峭，攀登极难。复活节岛是地球上最孤独的一个岛屿。这个面积仅有 163 平方千米的三角形小岛位于东太平洋，往东越过 3600 千米的海面才能见到大陆（智利海岸）。它离太平洋上的其他岛屿也相当遥远，离它最近的有人居住的岛屿是皮特凯恩岛，远在西边 2000 千米处。直至 1722 年 4 月 5 日，该岛的原住民才与外界有接触。复活节岛的四周全是巨石雕像，最高的有 22 米，400 吨重，平均重达 60 吨，总计 100 多尊。雕像造型奇特，眼窝深陷，没有眼珠，鼻子高翘，嘴唇紧闭，耳廓偏长，双手按着肚皮，表情严肃，肩并肩站立在海边，像是眺望，又像是沉思。还有一些雕像倒在搬运的路上和山上的采石厂中。根据记载，岛上最早的土人来自波利尼西亚，大约在 12 世纪末，但是那时巨石雕像早已存在，据测定应在公元 600 年到 700 年左右。人们产生出许多疑问：是谁雕刻了这些巨石雕像？如何运到海边的？为何雕刻以及如何完成的？为什么突然结束雕刻？他们去了哪里？有人认为，巨石雕像下面有石基石阶，高达 3 米，下面应是墓葬，巨石雕像是守护神或死者本人的模拟像。还有人认为，南太平洋有一块古大陆突然沉没，大陆上的居民曾创造了灿烂的文明，复活节岛原本是山巅，是残留在海平面上的古陆地一角。但是人们并未证实古陆地的存在，也无法解释雕刻者在极其原始的年代是如何搬运这些庞然大物的。或许，这将是一个失落的文明留下的永恒的秘密。

矗立在岛上的巨人石像，造型之奇特，雕技之精湛，着实令人赞叹。近些年来，一些国家的历史学家、考古学家和人类学家都曾登岛考察，企图弄个水落石出，结果虽提出种种解释，但也只能是猜测，不能令人信服。

据有关学者考证，人类登上复活节岛始于公元1世纪，石像的底座祭坛建于公元7世纪，石像雕琢于1世纪以后。到12世纪时，这一雕琢活动进入鼎盛时期，前后历经四五百年。大约到1650年前后，雕琢工程停了下来。从现场环境看，当时忽然停工的直接原因可能是突然遇到天灾，比如说火山喷发，或是地震、海啸之类的自然灾害。至于石像代表了什么，多数学者认为，可能是代表已故的大酋长或是宗教领袖。

接下来的问题是石像是怎么运到海边的。在岛的东南部采石场，还有300尊未雕完的石像，最高的一尊高22米，重约400吨。如此巨大的石像在那个时代仅靠人力和简单的工具是运不走的。据当地人传说，要运走这些石像，是靠鬼神或火山喷发的力量将石头搬到海边的。还有的说，是用撬棒、绳索把躺在山坡上的石像搬到大雪橇上，在路上铺上茅草芦苇，再用人拉、棍撬，一点一点移动前进的。但是，一些考古学家真组织人这样做了，结果证明行不通。因此，复活节岛对于旅游者来说，仍然是一个很神秘的地方。

人类学界一般将它称为拉帕努伊岛，这是19世纪中叶波利尼西亚人对它的称呼。岛上原居民被称作拉帕努伊人，他们讲的方言被称作拉帕努伊语。我们无法确切地知道原居民除了把这个岛屿称作特凯恩加，意即“大地”之外，还有没有特别的名称。据说，这个岛有一种从其祖先传下来的名称叫“特—

皮托–特–何努阿”， 它一度被译成“世界的肚脐”，这个说法让许多人浮想联翩。

这种叫法，一开始人们并不理解，直到后来航天飞机上的宇航员从高空鸟瞰地球时，才发现这种叫法完全没错——复活岛孤悬在浩瀚的太平洋上，确实跟一个小小的“肚脐”一模一样。难道古代的岛民也曾从高空俯瞰过自己的岛屿吗？假如确实如此，那又是谁，用什么飞行器把他们带到高空的呢？

这些巨大的石雕像大多在海边，有的竖立在草丛中，有的倒在地面上，有的竖在祭坛上。石像一般7～10米高，重约90吨。它们的头较长，眼窝深，鼻子高，下巴突出，耳朵较长。它们没有脚，双臂垂在身躯两旁，双手放在肚皮上。这些石雕像是用淡黄色火山石雕刻成的。有的还戴着帽子，帽子是用红色岩石雕成的，高几米，形状像个圆柱。有的石雕像身上还刻着符号，有点像文身图案。除此之外，人们还发现了比这些巨大的石雕像还要大一倍的石雕像，但它们多是半成品。一些石像已被毁坏或被推倒，传说大约在公元1680年，岛上的两个部落之间发生过一场战争。每个部落可能都推倒自己的石像，再去雕琢更大、更好的石像。

考古学家推断，最少每天要动用30个劳工，工作8小时，约用一年时间才雕琢出一个石像。不过，这还未计算搬运石像到海边的工程，估计需要90人，于两个月时间内可将石像搬运出来。最后，还要3个月才能将石像耸立起来。可是考古学家怎样也想不到，人像头上居然还有巨型石帽子。石帽子是由西面的火山Puna Pau取材的。因为Puna Pau的火山岩石是砖红色的，非常特别。红帽子由此处雕好再运往海岸，怎样升起，放在足有10米高人像的头上呢？

要揭开这些环绕整座岛屿神秘石像的秘密很困难，虽有文字记载，但仍没人能解读其中含义。不过从被推倒、摧毁的石像遗迹，考古学家解开了巨石像的秘密。 在文明全盛时期，复活节岛巨石像一度有800多座，但现在仅剩 150 座。而这些石像消失的原因，记录拉帕努伊人对信仰神圣力量坚定执著和走火入魔的过程。巨石像建造时间约于西元 1000 年前，当时的复活岛为一浓密棕榈森林覆盖的岛屿，岛上有三座死火山，火山岩质地软、重量轻，易于搬动雕刻，拉帕努伊人相信岩石可以象征他们神圣信仰的永恒不灭，因此利用火山岩在 600 年间完成 800 多座巨石像。

拉帕努伊人将这些石像视为守护神，以保佑作物丰收及好运，因此每个部落都拥有自己的石像。但随着人口增长，拉帕努伊人全盛时期曾多达 7000 人，巨石像的尺寸和数量也随着增加，有些石像体积甚至大到无法搬离采石场。不同于英国的巨石阵有无穷尽的森林木材足以移动巨石，复活节岛的棕榈林规模小，巨石像却庞大无比，最终树木被砍伐殆尽，生态系统完全摧毁，食物逐渐短缺，也无法建造船只离开，被困在岛上的拉帕努伊人，甚至相互残杀取食人肉，并将情绪发泄在巨石像，巨石像一一被推倒，成为今日残存的遗迹，徒留后人凭吊。

石头巨人真这样重吗？不见得，复活节岛的石像远没有人们所传说的那样重。我们知道，海洋中的火山岛都是由玄武岩构成的。玄武岩十分坚硬，很难加工，比重一般为 3 克 / 立方厘米左右。若按此计算，复活节岛上最大的石像高 21.8 米，肩宽 2.5 米，截面近 5 平方米，扣除砍掉的 30 ~ 40 立方米岩石，剩下来的石像重量就有 50 ~ 80 吨，甚至上百吨重了。听起来这很有道理，但是真实情况如何呢？用来雕刻石像的材料不是玄武岩，而是凝灰岩和层凝灰岩，有的甚至是浮石，它们之中只有某些岩石的比重达到 1.7 克 / 立方厘米，而大部分岩石的比重都小于 1.4 克 / 立方厘米。至于浮石，它的比重就更轻了，它干燥后，比水还要轻，会浮在水面上，所以才叫浮石。因此，最大、最重的帽子至多也不超过 5 吨。复活节岛的大部分雕像高度为 3 ~ 5 米，10 ~ 12 米的雕像并不多，只有 30 ~ 40 尊，它们的重量至多也不过 10 多吨，大部分雕像的重量还不到 5 吨。想当初，水手们毫不费力地把一尊雕像装上小船，运到轮船上去，因为它根本就没那么重。不久前，人们对复活节岛上的雕像进行修整，15 吨的吊车就把最重的雕像吊起来了，可见雕像并非人们说的那么重。

有关石像之谜，众说纷纭。有人说是外星人的太空船搬运石像；有人说，石像拥有神力，造好后会自己走去目的地。

岛上居民对于这些石雕丝毫没有历史记忆，也不知石像是在刻谁，一点都不像当地的土著，是纪念什么人，或是神呢？还是有“人”曾经教导过他们一些我们不曾知道的知识，而令他们难忘，他们雕刻这些石像，以资纪念呢？

**建巨人石像的结果是耗尽了自然资源**

当美国科学家亨特首次踏上复活节岛，他和荷兰人雅可布·洛加文一样为四周的荒凉景象而感到震惊。岛上至今没有一棵树，地上的野草也稀稀落落，只有 3 个盛满雨水的小湖是淡水的唯一来源。那些建造了巨人石像的人怎么能在这种自然环境下生存呢？为了弄清这个曾经高度发达的文明消亡的原因，亨特在岛上度过了不止一个野外考察季节。

美国科学界在科考中用的是放射性碳年代鉴定法，首先是对碳 14 的放射性同位素含量进行测定。这一同位素是在宇宙射线的作用下形成，并蓄积在有机物中。专家们从当地最古老的地层收集了用来做年代鉴定所必需的材料，有木片、木炭和奇迹般保存下来的植物种子。

亨特将得到的年代顺序同原有的进行比较，并对其做出一些重要的更正。在他之前上岛考察的人使用的仪器还相当简陋。据亨特说，他的先辈在编制年表时有不少欠精确的地方，经他更正后，岛上开始住人的时间往前提了 800 年，而且岛上的文明史也比过去认为的时间短。加利福尼亚大学的学者卡尔·利波认为，复活节岛沦为波利西尼亚人殖民地的时间相当晚，大约在公元 1200 年。为证明自己的实力，也为了恐吓敌人，大家都争相建造石像。

凭着这些新的数据，科学家们对这一神奇文明的产生和衰败有了大致的了解。

在欧洲人来到岛上的500年之前，波利西尼亚人的木筏在拉帕努伊岛靠岸，这些人很可能是为逃避部落间的冲突和战争来这里寻找新的栖身之地。波利西尼亚人带来了生活的必需品，有家畜和各种农作物的种子。

一段时间之后，岛上人口增长至数千人，形成了具有复杂社会结构的地区性文明。每个部落都有自己的头领，而且还有祭司。有一段时间，岛上的生活相当稳定。根据分析，在波利西尼亚人上岛初期，岛上覆盖着浓密的亚热带森林，到处长满了各种各样的树、灌木和野草，绝大多数是一种岛上已经绝迹的棕榈树。这种棕榈树同智利高达25米、直径达180厘米的酒棕榈有亲缘关系。没有枝叶的高高的棕榈树的树干很适合用来建造大型独木舟、运输石像和盖房子。肥沃的火山土壤给拉帕努伊人带来了丰收。岛上还种植香蕉、芋头、白薯和甘蔗，再加上养家畜、捕鱼，岛上居民生活物资已经相当丰富了。

但是，随着时间推移，岛上逐渐产生了部落之间的纷争。每个部落和它的祭司都在力求表现自己强于邻居。为证明自己的实力，也为了恐吓敌人，大家都争相建造石像。哪个部落建的石像大，就证明它实力强。那些弱小和贫穷的部落雕琢的石像就小得多。

18世纪初期，最初踏上这块土地的欧洲人看到这些石像后大为震惊。巨大的石像有些高达几十米，重达82吨，几乎是遍及全岛。有不少是躺在地上，像是途中扔下的。人类学家一直都在琢磨，到底是谁建造的这些奇迹，又是如何让这些庞然大物跑到这里来的呢。有些石像得送到十几千米开外的地方，这也不是个轻松的活儿。有可能是用滚轮来运送，这就需要大量的圆形的原木和人工。也有可能是靠“滑板”运输，这也缺不了原木，就免不了得大量伐树。

**大量伐木，疾病流行，复活节岛被毁于一旦**

岛上的石像建造于公元1500年左右到达巅峰，但追求规模和高度的倾向导致岛上的经济和生态灾难，有限的自然资源就这样被白白浪费掉了。树被砍光之后，接踵而来的是饥饿年代。美国考古学家通过对各个时间段的花粉数量进行分析之后，清楚看出：正是在建造石像的高峰期，岛上的植物急剧减少。据估算，在拉帕努伊人日子好过的年代，岛上的棕榈树总量可达1600万棵之多，到1400年只剩下几千棵。

除了岛上居民大量砍伐棕榈树之外，波利西尼亚人带到岛上来的老鼠把种子都吃掉了，这极大地影响了这种植物的传播。等岛上只剩下一小块棕榈林，拉帕努伊人就再找不到原材料来建造渔船，捕鱼也就发生了困难。候鸟也不愿再到岛上来休息，这就使得当地飞禽的种类在急剧减少。森林减少会导致什么呢？拉帕努伊人为了养家糊口，开始利用带草的土壤表层。由于没有了树木，风雨加速了破坏肥沃层的进程，土壤贫瘠化开始了。

岛上开始出现纷争与混乱，人食人的现象也多了起来。如果说当人口减少到近2000人的时候，局势好歹还算稳定，可这时欧洲人又来了。起初岛上居民本来对客人还持欢迎态度的，同他们分享为数不多的食物，可并没料到自己已处在灾难边缘。航海家带来了鼠疫、斑疹、伤寒和天花，疾病夺去了很多岛上居民的生命……

当然，美国科学家提出的理论还需经科学界最后证实，“拉帕努伊人为什么会死绝”，这个问题的正确答案还没有被充分论证。

俄罗斯科学院人类学和民族学博物馆资深科研人员伊林娜·费奥多罗娃认为，在一些老地图上，复活节岛周围还有其他一些岛屿，口头传说中都说这些岛屿是慢慢沉到水底下的。所以，为了得出正确结论，有必要对所有假设来一番验证。而且，由于众多历史学家和语言学家付出了不少努力，对复活节岛文明的研究必将会出现新的成果。

据美国科学家最新的实验，复活节岛上的石像是由“摇晃”运送到目的地的。在石像头顶绑好几根绳子，几路人马左右摇晃地运输，才运送到目的地。

《狂野太平洋》称复活节岛上的巨人石像是外星人杰作。

英国电视纪录片《狂野太平洋》对复活节岛的神秘巨石像进行了研究、揭秘，在纪录片中，电视台竟然语出惊人地爆料说，这些巨石像或许是外星人所制造。

对于复活节岛上的这些巨石人像，很多人曾经提出过质疑，是什么人制造的呢？因为复活节岛偏于南美的地方，是一些土著人居住的地方，所以有的专家曾经怀疑过或许是土著的结晶。但是《狂野太平洋》则提出了质疑，外星人是否存在？而复活节岛上的这些摩艾石像又是谁制造的？是不是这些石像本身就不属于地球，而是外星文明的杰作？纪录片的主播称，复活岛上很多的事情都不能以科学解释，仍然没有得到合理的解释。

一本非常热销的书籍《上帝的战车》的作者埃里希·凡·丹尼肯认为外星人在远古的时候就已经造访过地球了。他主观臆断认为，古埃及人没有足够的智慧能够制造出伟大的金字塔，他非常赞同金字塔是外星人制造的观点。同时他还认为中美洲的玛雅金字塔和秘鲁纳斯卡沙漠巨型绘图同样不是地球人的杰作，而是外星人所为。很多考古学家和科学家都一致认为丹尼肯的判断属于伪科学，没有任何证据可以证明这些东西不是人类的结晶。

《狂野太平洋》节目仍然质疑，这样刻工精密但又看不出究竟是什么的巨大石像，怎么可能是人类的结晶，虽然石像的五官跟人类很像，但是头部比例偏长，跟地球的人类不太相似，而且谁又会不远千里迢迢地到复活节岛上雕刻这些石像，或者雕刻好了运到这里来呢？再联想到曾经有人说过南极冰下是外星人的基地，难道这一切都跟外星人有关联？

不过，《狂野太平洋》的这一观点很快被考古学家推翻，考古学家已经有足够的证据证明这些巨石像是出自太平洋岛居民之手，而非外星人。但是依然有几个疑点，比如巨石像的石像材料究竟是从哪里运来的，如何运来的。

其实制作巨石像的石材并不是运来的，而是复活节岛东北面有一座拉诺·拉拉库死火山，从死火山上取来的一种名叫凝灰岩的石材，然后再利用绳索和圆木沿着海岸滚动来运输。所以摩艾石像并不是《狂野太平洋》所说的外星人制造，而是地球人所为，而且经过很多年的变迁，很多的石像都被长埋地下，只有少量的石像在表面裸露着。

复活节岛最神奇的谜团，除了巨人，还有一种“会说话的木板”，当地人称作“科哈乌·朗戈朗戈”。最先认识此木价值的，是法国修道士厄仁·艾依罗。“朗戈朗戈”是一种深褐色的浑圆木板，有点像木桨，上面刻满了一行行图案和文字符号。有长翅两头人；有钩喙、大眼、头两侧长角的两足动物；有螺纹、小船、蜥蜴、蛙、鱼、龟等幻想之物和真实之物。厄仁在世时，这种木板几乎家家有收藏。后来厄仁不幸染上了肺结核病，很快便去世了。他死后不久，由于宗教干涉，“朗戈朗戈”被搜出烧毁，几乎绝迹。由于战乱等原因，岛上已找不到懂这种文字符号的人了。

“朗戈朗戈”文字符号也许是揭开复活节岛古文明之谜的钥匙。100多年来，一些学者为破译它倾注了毕生精力，但一直没有人能破译。

泰堤岛主教佐山很重视“朗戈朗戈”木板所承载的文化，认为这是在太平洋诸岛所见到的第一种文字遗迹，其符号与古埃及文相似。从本质材料看，它源于小亚细亚半岛；从写法看，它属于南美安第斯山地区的左起一行右起一行的回转书写法系统。

捷克学者、文字鉴赏家洛乌柯物发现原始印度文与“朗戈朗戈”图案符号较为相像。匈牙利语言学家海维申对此做了分析对比，并在法国科学院做了一次震惊科学界的报告。报告指出，两种文字符号中有175个完全吻合。复活节岛文字存在于19世纪中叶，而印度河谷文字则早在公元前2500年成熟，相距4000多年。但看来这种吻合并不偶然。

奥地利考古学家盖利登确认，复活节岛古文字与古代中国的象形文字也颇为相像。1951 年他又一语惊人：苏门答腊岛民装饰品上鸟的形象与“朗戈朗戈”上的很相像。

法国教授缅特罗曾在复活节岛做过大量考古工作。他坚持“朗戈朗戈”文字与巴拿马的印第安人、古那人有密切的关系。各国学者各执己见。

1915 年，英国女士凯特琳率考古队登岛。听说岛上有位老人懂“朗戈朗戈”语，她立即去拜访。老人叫托棉尼卡，已经患病很重。他不仅能读木板文，而且还会写，并写了一页给女士，符号果真与木板上的一模一样。但老人至死不肯说出其含意。

托棉尼卡老人死后 40 年，智利学者霍赫·西利瓦在老人的孩子彼得罗·帕杰家见到了一本老人传下来的“朗戈朗戈”文字典。霍赫征得同意把讲稿拍了照，但后来胶卷和讲稿莫名其妙地不知去向。

奇怪的是，凯特琳也只来得及发表自己的日记，便突然死去。考察到的材料未能发表便不翼而飞。唯一的一页手写文字符号能传到今天，纯属偶然。但托棉尼卡老人临死前写的到底是何意，今天仍然是个谜。

100 多年来有过探索、发现、希望、失望及轰动，但刻有鱼、星、鸟、龟等图案及符号的木头始终保持沉默。目前世界收藏的戈朗戈朗木板只有 20 多块，分别保存在伦敦、柏林、维也纳、华盛顿、火奴鲁鲁、圣迭戈、圣彼得堡的博物馆里。

这些文字都是一种高度发达的文明之明证。写这些文字的人是谁？他们什么时候来到这座岛屿？之前他们在什么地方？是他们带来了自身的文明和自己的文字吗？这些深奥晦涩的符号曾经是要表述一种什么样的情感、思想和价值？

复活节岛是迄今唯一一个发现有古代文字的波利尼西亚岛屿，这些巨人石像和文字的意义至今仍是不解之谜。

## 马耳他岛的巨石奇迹

20世纪初以来，在地中海上的马耳他岛也陆续发现了多处规模宏大、设计独特的史前巨石遗迹。这些不可思议的巨石遗迹的建造者是谁？在蛮荒落后的石器时代，他们为何耗费如此巨大的精力来建造这些巨石建筑？它的用途何在？人们同样百思不得其解。

作为古文明的一部分，巨石遗迹遍布世界各地，例如埃及的金字塔、复活节岛上的巨石像、英格兰的巨石阵、法国布列塔尼半岛的巨石遗迹。据考证，这些巨石遗迹约建造于公元前3500年至公元前1500年间的石器时代。自从有文字记载以来，关于这些古怪巨石建筑的来历和用途就引起了人们的种种猜测。中古时代的人们普遍相信，魔鬼或巫师建造了这些巨石建筑，或者它们是由大洪水前地球上出现的巨人所建。也有人认为它们是古代塞尔特人的督伊德教祭司所建。另外一些人则认为，欧洲的巨石建筑是由失落的亚特兰蒂斯帝国所建。这些巨石遗迹究竟何时建立？由谁而建？因何而建？是庙宇、坟墓，还是所谓的古代“计算机”？学者们不断探索，始终无法找出一个合理的解释。

在所有的远古巨石遗迹当中，马耳他岛上的巨石建筑独具特色。马耳他岛巨石建筑的发现纯属偶然。马耳他岛是地中海上的一个小岛，面积246平方千米，位于利比亚与西西里岛之间。就在这个微不足道的小岛上，20世纪以来，人们却接二连三地发现了30多处史前巨石建筑遗迹。其奇特的设计和宏大的规模，引起了人们强烈的兴趣。

**马耳他神庙**

1902年，马耳他岛繁荣兴旺的佩奥拉镇发生了一起轰动世界的大事。当时一群建筑工人正在为一家食品店盖房，其中有几个工人为建造一个蓄水池正满头大汗地凿着地下的岩石。突然，脚下的岩石露出一个洞口，待凿开一看，竟是一个通过凿通硬石灰岩而建成的很大规模的地下室。起初，工人们并没有在意，只是把凿下来的碎石、废泥以及垃圾堆放在洞穴里面。但其中一个颇有头脑的工人认为此事非同寻常，便向当地有关部门做了汇报。闻讯赶来的考古学家们对洞穴仔细地进行了挖掘和清理，一个规模宏大、设计独特的史前建筑逐渐清晰地呈现在世人面前。沉寂的马耳他岛因此一时名声大噪。

这座巨大的石头建造的地下建筑一共有三层，最深的地方距离地面12米，内部结构错综复杂，仿佛一座地下迷宫。它由上下交错、多层重叠的多个房间组成。里面有一些进出洞口和奇妙的小房间，旁边还有一些大小不等的壁孔。中央大厅耸立着直接由巨大的石料凿成的大圆柱、小支柱，支撑着半圆形的屋顶。整个建筑线条清晰、棱角分明，甚至那些粗大的石架也不例外，没有发现用石头镶嵌补漏的地方。它的石柱、屋顶风格与马耳他其他许多古墓、庙宇一致，但别的庙宇都建在地上，这座建筑却深藏于地下的石灰岩中。由于构造奇特，人们借用希腊文“地窖”一词来形容它，意为“地下建筑”。

这座“地下建筑”是“庙宇”还是“坟墓”？在生产力极其落后的石器时代，马耳他的岛民为何耗费如此巨大的精力来建造这座规模庞大的地下建筑？

有人认为它是一座地下庙宇。在这座地下建筑中，有一个奇妙的石室，人们称之为“神谕室”。由于设计独特，石室内产生了一种神奇的传声效果，因此石室又被称之为“回声室”。这个石室的其中一堵墙被削去了一块，后面是状似壁龛、仅容一人的石窟，一个人坐进去用平时的音量说话，声音会传遍整个石窟，并且完全没有失真。由于女人声调较高，不能产生同样的效果，设计者就在石室靠顶处沿四周凿了一道脊壁，女人的声音就沿着这条脊壁向外传播。正是因为有这个石室的存在，考古学家断定这座地下建筑是一个在宗教方面有着特殊用途的建筑物，可能就是祭司的传谕所。此外，考古学家在发掘过程中发现了两尊侧身躺卧的女人卧像，还发现了几尊丰乳肥臀、也许以孕妇作为蓝本的女人卧像。据此，考古学家推测，这里或许是崇拜姆神的地方。由于整个建筑埋在地下，不见天日，因而显得阴森怪异。设想一下，当一个虔诚的原始人置身于这样一个诡秘幽玄的地下石室时，突然传来隐身人的说话声，他的思想一定容易被震慑，从而产生畏惧感和服从感。

然而，这座建筑真就是一座地下庙宇吗？事实并非如此简单。随着深层考古发掘，考古学家发现它不像是一所庙宇，尤其是在一个宽度不足 12 米的小石室里竟然埋藏有 7000 具骸骨。这些骸骨并不是完整的人形，骨骼散落在狭小的空间中，说明是以一种移葬（即初次土葬若干年尸体腐烂成了骷髅后，捡拾骨殖到别处重新安葬）的方式集中起来的，这种埋葬方式在原始民族中很多见。地下室难道是善男信女们的永久安息之地吗？

根据挖掘出来的牛角、鹿角、凿子、楔子、两把石槌以及做精工细活用的燧石和黑曜石判断，再根据其建筑风格推测，这座地下建筑大概建造于公元前 2400 年前后，当时岛上正处在石器时代。那么，岛上居民什么时候把骨殖放到这个地方来的？马耳他的居民又为什么要如此安放骨殖？没有人知道。也没有人知道这座地下建筑在什么时候变成了墓地。也许初建时它就兼有庙宇和坟墓的双重用途，也许这是一座仿效地上建筑而建的一座地下庙宇，也许它就是死者的安息之地。这些问题均无从考证，难以确定。很多解释也都只是猜测和判断。

在发现地下建筑后，马耳他岛又陆续发现了另外一些石器时代的石制建筑。1913 年，在该岛一个名叫塔尔申的村庄发现了巨大的石制建筑。经考古学家鉴定，这是一座约在 5000 多年前建造的庙宇。庙宇占地达 8 万平方米，是欧洲最大的石器时代遗址。站在这座庙宇的废墟面前，首先映入眼帘的是一道宏伟的主门，这道主门能够通往宽敞的厅堂和有着错综复杂走廊的各个房间。整个建筑布局设计巧妙，雄伟壮观，好多个祭坛上都刻有精美的螺纹雕刻。

这种精心设计的巨石建筑遗迹在马耳他岛上不止一两处。在哈加琴姆、穆那德利亚、哈尔萨夫里尼，考古学家们也发现了几座经过精心设计的庞大建筑物。它们都用石灰石建成，有的雕琢粗糙，有的打磨光滑，有的建筑物的墙上有粉饰，有的则精雕细刻，各有特色。哈加琴姆的庙宇用大石块建造，里面发现了一些石桌，它们排列在通往神殿门洞内的两侧，有些石桌至今未能肯定究竟是祭台还是柱基。考古学家在神殿里还发现了多尊姆神的小石像。这座建筑是最复杂的石器时代遗迹之一，许多谜团有待进一步考证。

穆那德利亚的庙宇又是另一番景象。它大约修建于4500年前，由于建在海边的峭壁上，可以在上面俯瞰苍茫无际的地中海景观。它的底层呈扇形，是典型的马耳他巨石建筑的特征。那些大石块由于峭壁的掩护，很少受到侵蚀风化，保存得相当完好。

最令人感到神秘莫测的是名为“蒙娜亚德拉”的一座神庙。这座庙宇又被称为“太阳神庙”，它的结构很奇特，人们在惊叹之余又觉迷雾重重。一位名叫保罗·麦克列夫的马耳他绘图员曾对这座庙宇进行了仔细的测量，根据测量出来的数据，他提出一个惊人的假设：这座庙宇实际上是一座相当准确的太阳日历！保罗·麦克列夫指出，根据太阳光线投射在神庙内祭坛和石柱上的位置，可以准确地显示夏至、冬至等一年中的主要节令。而且，更令人震惊的是，这座神庙是在公元前10205年建成的，也就是说离现在已经1.2万年了。在那个遥远的年代，神庙的建造者居然有那么高深的天文学和历法知识，能够周密地计算出太阳光线的位置，并且设计出那么精确的太阳钟和日历柱。

不少学者的研究表明，马耳他岛上的巨石建筑的建造者们在天文学、数学、历法、建筑学等方面都有极高的造诣。这些庙宇有的本身就是可以判断节令的历法标志。另外还有人提出，这些庙宇能当成一部巨型计算机，准确地预测日食和月食。这是庙宇的真实面貌，还是仅仅一种巧合？

马耳他石器时代的巨石建筑遗迹使人们对名不见经传的马耳他岛刮目相看，同时又疑窦丛生：石器时代的马耳他岛居民真有这么高的智慧吗？如果真是这样，那么他们是怎样获得这些知识的？为什么他们在其他领域却没有相应的发展呢？是什么原因激发了他们建造巨石建筑的热情？他们掌握的这些知识和技能又为什么莫名其妙地中断了？这一切至今仍没有人能够圆满回答。

## 湮灭的米诺斯文明与克里特岛迷宫

几千年来，克里特岛一直笼罩在神话传说的神秘面纱之下。1900 年，英国考古学家伊文思在这里发掘出了米诺斯王宫，一个古老的文明伴随着新世纪的到来展现在世人面前。

克里特岛面积 8336 平方千米，是爱琴海上最大的岛屿。这是一个美丽富饶并且充满了神话传说的岛屿。这里是众神之王宙斯的诞生地，传说岛上的迪克特山洞就是仙女们抚养宙斯的地方；这里是宙斯和欧罗巴公主伊娥相亲相爱的地方，正是在这里他们生下了岛上的第一批统治者米诺斯和他的兄弟们；这里也是传说中伟大的能工巧匠德达鲁斯创造奇迹的地方，“迷宫”为他带来了不朽的声誉，也给他带来了永远的悲伤，他在迷宫建成后被米诺斯王囚禁，并痛失爱子。

而这里还有一个更加离奇的故事，是关于牛首人身怪物米诺陶和忒修斯的故事。克里特岛的国王米诺斯自称是宙斯的儿子，他在这里建立了一个强大的王国。海神波赛冬送给他一头美丽而强壮的公牛，希望米诺斯把它献祭给他，但米诺斯却把公牛据为己有。波赛冬大为生气，暗中设计使米诺斯的妻子帕西淮疯狂地爱上了这头公牛，生下了一个牛首人身的怪物米诺陶。家丑不可外扬，米诺斯命令德达鲁斯建了一座迷宫，把米诺陶囚禁在其中。这时，米诺斯的爱子安得洛勾斯在雅典参加奥运会时意外死去。米诺斯征服了雅典，命令雅典必须每隔 9 年向米诺斯进贡 7 个童男 7 个童女，供米诺陶食用。

26 年后，米诺斯又派人到雅典催索第三次贡品，雅典王子忒修斯挺身而出，决定到克里特岛除掉怪物。临走之前，他和父亲埃该斯约定，如果平安归来，船上就扬起白帆，否则的话就挂黑帆。忒修斯到达克里特后，美丽的米诺斯公主阿丽阿德涅对他一见钟情，她送给忒修斯一柄魔剑和一个线团。忒修斯把线头系于迷宫入口处，手提魔剑，一路放线团进入到迷宫深处，杀死了米诺陶，然后循线团走出迷宫，与阿丽阿德涅双双逃离克里特岛。由于神告诉忒修斯说阿丽阿德涅命中注定是狄俄尼索斯的妻子，他不得不单独留下她而自己回雅典。悲伤中的忒修斯忘了与父亲的约定，没有挂上白帆，埃该斯远远望见黑帆，绝望中跳海身亡。

这些美丽动人的神话和传说，长久以来被认为是杜撰出来的童话。米诺斯王是否真有其人，迷宫是否存在，一直是个难解之谜。考古史上的传奇人物谢里曼在成功发掘特洛伊和迈锡尼之后，对荷马史诗中多次描绘过的克里特岛很是神往，曾多次前往克里特考察，企图解开有关米诺斯和迷宫的谜团，但他一直到辞世也没有如愿。数年后，英国考古学家阿瑟·伊文思弥补了谢里曼的这个遗憾。

伊文思 1851 年出生于英国的一个乡村，父亲是一个成功的造纸商，家境优越。受家庭环境影响，伊文思从小钟情于古物，尤其喜欢收集和研究古代钱币。他年轻时就读于牛津大学和德国的哥廷根大学，毕业后去东欧旅行，写了一些有关东欧的著作，并在那里结婚、安家。后来伊文思在牛津大学的阿西莫林博物馆担任馆长职务，在他的努力下，阿西莫林博物馆大为改观，从一个堆满灰尘、被人遗忘的角落转变为一个生机勃勃的高水准的博物馆。与此同时，伊文思则利用大量的空闲时间，继续在各地旅游，并开展自己钟爱的研究工作。

1882年，伊文思和爱妻玛格丽特前往希腊旅游，他们拜访了当时已名满欧洲的施里曼。谢里曼兴致勃勃地拿出许多他在迈锡尼发现的文物给伊文思夫妇看，其中有一些小小的印章引起了伊文思的注意。这些印章呈环状块状，有许多符号和图案嵌印在黏土或蜡表面，印章上雕刻的符号和图案很奇特，其中有些符号有点像埃及的象形文字，而图案则大多是一些海洋生物的形象。这些符号和图案似乎不像是迈锡尼文化或希腊文化中所能见到的那一种。伊文思以前曾听一些学者指出，迈锡尼出土文物有一些设计及其他特征与典型的“迈锡尼风格”格格不入。那些学者曾暗示，这些特征是某个未知文化的遗迹，该文化对迈锡尼人有过重大影响或彼此之间相互有过影响。面对这些神秘的印章，伊文思推测，它们可能是这个未知文化的线索。他甚至进一步推测，这些印章也许是欧洲文字的源头，爱琴海地区曾存在过一种比迈锡尼文明和特洛伊文明更加古老的文明。

此后数年间，伊文思在地中海东部的一些遗址中搜集了大量类似的印章，人们告诉他，这些印章来自克里特岛。伊文思知道该岛北边海岸附近的克菲那有一个大型遗址，传说这个遗址就是米诺斯王宫的所在地克诺索斯。1894年春，伊文思第一次踏上了传说之岛克里特的土地，他走遍了岛上的山山水水，进行详细的考察。他吃惊地发现，岛上商店里摆满了琳琅满目的古代雕刻印石，甚至连当地农民脖子上挂着的装饰品也是这种印石。当地人把它们当成护身咒符，视如珍宝。伊文思还在这里发现了一些宫廷与民间的遗迹和遗物，他越来越坚信，克里特的地下埋藏着考古学上未发现的重大秘密。

伊文思比谢里曼幸运得多。施里曼在世时，克里特岛处于土耳其的控制之下，谢里曼未能得到发掘许可；而到1899年时，克里特已摆脱土耳其的统治，归于希腊统治下，申请发掘许可相对容易。1900年3月，正是春寒料峭的季节，伊文思从雅典来到克里特岛，他在资金雄厚的“克里特考察基金会”的资助下，终于得到了期盼已久的发掘机会。此时伊文思已经48岁，妻子去世已有多年，他无牵无挂，把全部的精力都投入到克里特考古工作中。

对克里特的发掘没有让伊文思失望。第一天他就挖到了建筑物的墙和一些艺术品；第二天，发现了一堵有壁画的墙和画有图案的石膏作品，它们虽已褪色，但仍可辨认。废墟似乎埋得很浅，几乎每挖一锄都会挖出几件古物，不几天，掘出的文物就堆积如山。出土的文物主要有形状各异的雕刻印石、精致的花瓶、真人大小的陶罐（主要用来装谷物、酒和油）和数以百计的泥板。泥板上刻着两种由直线构成的未知文字，伊文思称之为“线形文字A”和“线形文字B”，其中“线形文字B”曾在迈锡尼考古发掘中发现过。伊文思清楚地意识到，这里存在着一个不为人知的古老的文明，他在自己的书中写道：“这是一种异乎寻常的现象，不像古希腊，也不像古罗马……也许，它的全盛时期可以追溯到迈锡尼时期之前。”

伊文思向全世界宣告了他的发现，引起了轰动。英国伦敦的《泰晤士报》评论道：“克诺索斯的发掘，在重要性上若不能说是超过，也至少不逊于谢里曼的发现。”考古学家们意识到，伊文思发现的是一个全新的文明，他们匆匆赶赴克里特岛，以往宁静的岛屿顿时热闹起来，克里特的传奇故事再一次吸引了人们的目光。

### 伊文思发现的克诺索斯宫殿

在伊文思的领导下，克诺索斯的发掘工作有条不紊地进行着。每天都能够出土大量的文物，废墟的形状也一天天清晰起来。经过长时期的艰苦挖掘，终于，一座规模宏大、结构复杂的遗址出现在人们面前。整个建筑物依山而建，面积大约16000平方米，拥有1700多个大小房间。其入口位于西南部，进门之后是一条宽阔的用石板铺成的通道，通道的尽头，是一个面积达1400平方米的中心庭院，庭院东西长南北短。庭院的东部，穿过一个大阶梯，就是米诺斯王室成员的居住地。整个建筑像一座小型的城镇，有街道，有贮藏粮食和货物的仓库，有艺术家的工作室，有住房、礼仪厅和商店等，所有这些，都围绕中心庭院向四周呈放射状分布建造。另外，从发掘现场来看，王宫的建筑物也不是一次修成的，这些房屋并不是整齐地上下交叠，而是杂乱地混在一起，它们是在漫长的岁月中利用原有部分建筑不断地改建、扩建，逐渐变得庞大起来的。这些数以千计的房屋，彼此之间用长廊、门厅、通道、阶梯等连通起来，千门百廊、曲巷暗堂，扑朔迷离，仿佛是一个没有出路的大迷宫，稍不留神，就会迷路。看来"迷宫"传说不无根据。

1906年，伊文思在遗址附近修建了自己的住所，从此在这里定居下来，把毕生的精力都贡献给克诺索斯的发掘、修复和研究工作。1911年，由于他在考古学上的重大贡献，英国政府授予他爵士爵位。1921～1935年，他的著作《米诺斯王宫》出版，这本书总结了他在克诺索斯数十年的研究和发掘成果，奠定了米诺斯研究的基础。尽管现在看来伊文思的有些结论并不准确，但后人正是在他研究成果的基础上，才对米诺索斯文明有了比较详细的了解。

### "迷宫"中的谜团：米诺斯文明之谜

米诺斯王宫遗址的发掘，将欧洲文明的起源整整提前了1000年。但是，米诺斯文明如同传说中的迷宫一样，神秘莫测。它究竟从何而来？又为什么突然间消失得无影无踪？诸如此类的问题，有待于进一步作出阐释。

克里特岛很早就有人类居住，伊文思把最早有人定居的时间追溯到公元前8000年。最新的研究表明，克里特最古老的居民只能追溯到公元前6000年，被认为是米诺斯时期的文化约在公元前2500年出现。在这期间，克里特人居住在山洞或小村落中，考古发现了很多这个时期的村落遗址和石斧、石刀等工具。从已有的考古资料看，克里特最早的居民来自岛外，他们来之前，已经掌握了比较先进的磨制石器技术和制陶技术。至于他们来自何处，至今没有定论。大多数学者认为，从克里特所处的地理位置看，小亚细亚西南部和叙利亚一带最有可能是克里特居民的老家。在这一带发掘出的新石器时代的遗物，与克里特同一时代的遗物有很多相似之处。但另一些学者指出，克里特考古发现的一些器物与北部非洲文明，尤其是埃及文明相似，也许是美尼斯征服埃及时，一部分避难者来到了克里特岛。

不管克里特最早的居民来自哪里，总之随着时间的推移，克里特人口不断增加，并开始聚居到比较大的地方或者分散到附近适宜生存的岛屿。公元前2000年前后，沿海一带建立了很多城市，其中克诺索斯是比较大的一个。由于地理上的优势，克里特人与西亚、北非的交流逐渐频繁。这个时期，克里特文化中最有特色的遗物就是呈环状块状、上面雕刻着许多古怪符号和图案的小印章。

大约在公元前1800年前后，克里特进入“旧王宫时期”。在此期间，克诺索斯建造了大型的宫殿，另外在马里亚和菲斯托斯也出现了王宫建筑。这些王宫都建有坚固的城墙，说明当时岛上还没有统一，相互之间常发生战争。从出土的旧王宫遗址来看，克诺索斯的王宫规模最大，大概那时它最有实力。“线形文字A”产生于这个时期，它是从象形文字发展而来的，是一种线形音节文字。考古学家共发现了220件“线形文字A”泥板，但这种文字至今未解读成功，仍然是个谜。有朝一日学者们若能成功破译“线形文字A”，许多遗留的谜团则可望得到圆满解答。

“旧王宫时期”一直延续到公元前1700年，此时一场大地震毁坏了岛上所有的宫殿。后来米诺斯人重建了宫殿，进入“新王宫时期”。新王宫时期从公元前1700年延续到公元前1470年前后，当时的米诺斯文明在政治、经济、艺术等方面都达到了顶峰。考古学家在岛上发现了许多米诺斯人居住的宫殿、城镇和村落，米诺斯王宫就是最大的一个。虽然至今有关米诺斯统治者的情况仍然鲜为人知，学者们甚至不知道米诺斯指的是具体的一个国王还是代表了一个朝代的统治者，但有一点可以肯定，即米诺斯社会是高度组织化的社会，正是在这样一个统一协调的社会下，才创造出了神奇辉煌的米诺斯文明。

米诺斯此时的影响已经远远超出了克里特岛本身。由于擅长航海，米诺斯人拥有高效率的船队。“新王宫时期”的船只长达100英尺，横渡地中海对他们来说很容易也很平常。米诺斯的经济主要靠贸易，海外贸易非常发达，与希腊、埃及、西亚甚至两河流域等地都建立了贸易关系，主要出口橄榄油、葡萄酒、木材、羊毛绒、陶器、珠宝、刀具等物品。米诺斯的工艺品在整个地中海东部都有所发现，而在米诺斯的遗址上也发现了许多来自西亚、北非地区的金属制品。为确保海上运输的安全，米诺斯还建立了一支所向披靡的舰队，称霸地中海地区。古希腊神话传说中提到米诺斯有一支无敌舰队，爱琴海地区纷纷向其俯首称臣，甚至连雅典也一度臣服于它。米诺斯人称霸地中海的盛况在米诺斯的绘画和雕刻上也有所反映，许多艺术品都用海洋生物来装饰，体现了米诺斯人与海洋的密切关系。历史上也把这时期的米诺斯称为米诺斯霸国。

米诺斯霸国在建筑上成就卓著，对后来的希腊建筑影响巨大。米诺斯王宫有“迷宫”之称，古代的人们认为只有神话中的巧匠德达鲁斯才能设计和建造这样的杰作。王宫建筑的房屋大都很宽敞，房屋内外往往只用几根柱子隔开，这与克里特温暖的气候有关。它的采光系统安排得很巧妙，房屋之间安置了一个个采光和通风的天井，光线和空气可进入室内。每一组围着采光天井的房屋中，都有一个长方形的主要房间，称为“麦加伦”，意即“正厅”，在以后的希腊神庙建筑（如雅典卫城）中常有这种建筑样式。王宫建筑也广泛采用了圆柱，圆柱设计得上粗下细，看上去非常协调，说明当时的建筑师已充分考虑到了人的视觉差异。最令人叫绝的是王宫的供水和排水系统，水从外面引进来，水管用经久耐用的陶土制成，设计成两头小中间大，可利用水的冲力充分排污。王宫中有浴室，有厕所，卫生条件之好令我们吃惊。无论从整体布局，还是细微之处，到处都闪现着米诺斯人的智慧之光。

**米诺斯迷宫图**

发掘出来的王宫建筑中，最有名的是“御座之室”和“大阶梯”。“御座之室”位于中心庭院西面，分为前后两部分，前室面向中心庭院，内有一个长方形地穴；后室比较大，里面放着一个石制的宝座。宝座高高的靠背用雪花石膏制成，放在一个正方形的基脚上，座位下有奇异的卷叶式凸雕。地板染成红色，一面墙上画着两只躺着的鹰头狮身蛇尾的怪兽。伊文思刚开始认为这是一个浴室，但没有找到排水的地方。后来他又认为这里是3000多年前米诺斯王的议事厅，最后又从其浓厚的宗教意味联想到它是“地下世界的恐怖法庭”（米诺斯是传说中的冥王）。它的真正用途是什么，也无从考察。

另一个重要的建筑是“大阶梯”，它不仅是通向东面王室居所的唯一通道，而且在建筑群中有着举足轻重的作用。它与附近好几堵墙相连，墙上绘有壁画。阶梯的另一面安置有低矮的栏杆，栏杆上竖着上粗下细的柱子，支撑阶梯上的数个平台。伊文思为了不让“大阶梯”塌垮，用钢筋水泥予以加固，虽然这种“复原”遭到批评，但这种方法使“大阶梯”得以保存至今。

对于这个富丽堂皇的大建筑，德国学者沃德利克却持异议。他在1972年出版的一本书中提出，这个建筑绝非王宫，而是王陵或贵族坟墓。在他看来，那些被大多数考古学家认为是贮粮、油、酒的大陶罐其实是盛体的葬具，里面注满蜜糖以防腐；壁画象征灵魂转入来世，并且把死者在幽冥世界所需物品也画在上面；王宫中精细复杂的管道也是应防腐所需而铺设。这位德国学者详细阐述了自己的理由：首先，从建筑物的位置看，此地很开敞，易于四面受敌而无从防守；其次，此地缺少泉水，要从外面引入，居民不够饮用；再次，那些所谓的御用房屋，大都潮湿、阴暗，讲究生活情趣的米诺斯王族竟会选择这样的地方做居所吗？另外，若真是王宫，为什么在王宫范围内却没有厨房、马厩之类的房舍？难道这里的居民不需要食物和交通工具吗？沃德利克的观点与伊文思的截然相反，且所描绘的画面令人毛骨悚然，但是，近百年的考古发掘又表明，这里从未发现过墓葬之类的遗迹或尸体。这一点又无法解释他的说法。

米诺斯的建筑令人惊叹迷惑，而米诺斯的壁画则令人心旷神怡。那些生气勃勃、充满现代情趣的壁画，让我们看到了一个富裕、安闲、友善、文雅的米诺斯社会生活场景。米诺斯壁画的颜料在未干时涂抹上去，色彩渗入墙壁，所以至今依然鲜艳如初。壁画题材多样，其中有一些是装饰性壁画，多以花草、海洋生物为主题，风格妩媚。在一间被称作“王后寝宫”的墙壁上，画了蓝色的海豚和五颜六色的鱼和珊瑚，色彩鲜艳，姿态生动，非常精彩炫目。

另外还有许多壁画表现了米诺斯人的生活情景。中心庭院南侧宫墙上有一幅名为《戴百合花的国王》的壁画，画中的国王如同真人大小，头戴百合花和孔雀羽毛的王冠，过肩的头发向外飘拂，脖挂金色百合串成的项链，身着短裙，腰束皮带，风度翩翩地向前走。一幅名为《纤细壁画》的壁画，则在画中央画了几个坐着的宫女，她们神态从容，穿着各色服装，头发迷人地披在肩上，佩戴着项链和头饰，华丽妩媚。最动人心弦的是被称作《斗牛》的壁画，图上的那头牛正向前猛冲，牛的前方站有一个少年，正用力按住牛角；牛身后的少年则双脚离地，双手扬起，把一名红装少女抛向空中，少女则稳稳倒立在牛背之上。这是杂技表演还是一种宗教仪式？其中的含义至今尚不清楚。

另外，米诺斯人的宗教问题也是米诺斯社会令人费解的地方之一。许多考古学家认为，米诺斯许多壁画和雕塑表现的是女神或女祭司，他们相信，米诺斯人心中的上帝是女神，女人在米诺斯的宗教礼仪上扮演着重要角色。米诺斯的女神或女祭司，常常手握毒蛇或双叶斧，这种双叶斧在米诺斯作品中常常可以看到。另外，米诺斯的宗教似乎与牛也有不解之缘。米诺斯王宫出土了许多有关牛的图画和物品，如前面提到的《斗牛图》、牛头形的酒杯、公牛塑像、牛角装饰的大门和坛罐等。牛与米诺斯的宗教有什么联系？米诺斯人为什么要供奉手握毒蛇的女神？他们信仰、畏惧的是什么？

最新研究成果表明，米诺斯的宗教也可能有其阴暗的一面。米诺斯人原来一直被看成是有文化教养、热爱和平的民族，但最近的考古发现使这种印象有所改变。1979 年，考古学家在一座小建筑物里发现了 4 具尸体，其中 3 具在地震中被震得粉碎，剩下的一具是一个 18 岁的男子的遗骨，像是被捆绑着做献祭仪式，礼仪刀具横放在他身上。4 年后，考古学家在克诺索斯西北的一个地窖里又发现了两具儿童骨骸，一具 8 岁，一具 11 岁。这两个儿童是在祭祀礼上被杀的，而且肉还用刀子从骨上剔下。这些新的发现，迫使人们对米诺斯文化重新进行审视。

正当米诺斯霸国如日中天之际，公元前 1470 年，破坏和毁灭突然降临，克里特岛上的城市几乎同时遭到了毁灭性的打击。不久，这个称雄一时的海上霸国消失在海涛和风声中，只留下一些悠远神秘的传奇故事。是谁毁灭了米诺斯文明？对此，历来众说纷纭。

古希腊历史学家希罗多德认为，米诺斯霸国的毁灭与米诺斯远征西西里有关。传说米诺斯为寻找德达鲁斯而来到西西里，被年轻美丽的西西里公主烫死在浴缸中，米诺斯霸国群龙无首，从此溃败湮灭。伊文思则认为，米诺斯文明毁于地震。1926 年的一次克里特大地震给伊文思以强烈印象，他写道：“一阵沉闷的吼声从地下迸发出来，像一头被激怒的蒙住双眼的公牛挣扎时发出的那种吼叫。”他认为此解释是合乎逻辑的，因为克里特岛和其他爱琴海岛屿经常有地震发生，是地震使米诺斯文明走到了尽头。此外，这个原因也有助于解释地下迷宫中牛首人身怪物的传奇故事。

20世纪中期以后，更多的自然灾害证据被发现，一些考古学家提出，是桑托林火山爆发导致了米诺斯文明的毁灭，桑托林火山距克里特岛约130千米。1967年，美国考古学家在该岛60多米厚的火山灰下挖出了一个古代商业城市，这个城市遗迹表明它与米诺斯人有密切的贸易和文化联系。经研究表明，桑托林火山曾在古代有过一次猛烈的爆发。这次火山爆发不仅给克里特岛带来了致命的尘埃雨，极大地损害了岛上的农业和畜牧业，而且火山喷发引起了巨大的海啸，滔天巨浪毁坏了建在海边的城市，也摧毁了克里特人统治海洋的命脉——船队，克里特陷入了一片荒芜之中。然而最新研究表明，桑托林火山爆发约在公元前1645年，另外桑托林火山的爆发似乎也不可能达到毁灭克里特岛的程度。

考古学家更倾向于认为，是人为原因而不是单纯的大自然毁灭了米诺斯文明。从考古发掘来看，米诺斯文明是人类暴行的牺牲品，并且是越海而来的异族入侵毁灭了它。但谁是入侵者呢？有些考古学家认为，米诺斯文明毁于希腊大陆上的阿该亚人之手。阿该亚人是剽悍好斗的民族，他们在迈锡尼、梯伦斯修筑了坚固的城堡，统治着周围的民族，他们逐渐成为米诺斯人最危险的对手。约在公元前1470年到公元前1380年，阿该亚人大举入侵克里特岛，统治了克诺索斯，在此期间，迈锡尼占领者用“线形文字B”取代了“线形文字A”。而从考古发掘来看，米诺斯人似乎并不是一个好斗的民族，也许正是这一点导致了他们最终的覆亡。不过，这里仍然存在疑问：即使阿该亚人再骁勇善战，但他们要征服此时号称海上霸国的米诺斯也不是那么容易的。他们是如何征服米诺斯的？也许，米诺斯文明的毁灭另有隐情。

米诺斯文明毁灭了，这个历史悠久、强盛一时的海上霸国消失在蔚蓝色的地中海中。但是它所创造的文明并没有终结，希腊大陆上的迈锡尼继承了它的文化传统，成为爱琴文明新的中心，欧洲文明又开始了新的进程。世界文明一直在交错发展变迁着，米诺斯古文明的神秘宫殿里隐藏着无数个未解密码，相信有一天我们能真正发现打开迷宫的钥匙。

## 纳斯卡图案

在秘鲁共和国西南沿海伊卡省的东南隅，有一座名字叫“纳斯卡”的小镇。小镇边上有一片广袤的荒原，人称“纳斯卡荒原”。

20世纪中叶，一支考古队来到纳斯卡荒原进行考察。他们在寻找水源时，意外地发现荒原上有许多“沟槽”。“沟槽”深度为0.9米，宽度有的只有15厘米，有的达20米。当时他们弄不清楚这“沟槽”是怎么回事，称这是“一个不知为何建造的巨大而玄妙的工程”。

之后，考古学家从高空俯瞰，才发现绵延方圆50平方千米内，用卵石砌成的线条纵横其间，勾画出巨大的鸟兽和各种准确的几何图形。这些巨大图案内容丰富：有三角形、长方形、梯形、平行四边形和螺旋形之类的几何图案；有类似现在的飞机场跑道和标志线的图案；有许多动物和植物的图案；有人形的图案，其中有一个人形，只有一个头和两只手，且一只手仅有4个手指……这些图案线条精确，互不交叉，画面栩栩如生。

究竟是谁创造了纳斯卡线条？它们又是怎样创造出来的？神秘线条背后的谜底到底是什么？一天，来自美国的考索克夫妇来到秘鲁南部的纳斯卡高原上，眺望着绵延数英里的一片标记，它看起来像是涂在一本巨大而神秘的便笺上。在广阔的沙漠上，上千条恢弘的线条指向各个方向。他们被纳斯卡沙漠这些像机场跑道一样的线条深深地吸引住了，对这些奇异的遗迹，他们心里涌起千百个疑问，他们后来发现夕阳的降落位置几乎正好位于其中一条长线的尾端！那一天是 6 月 22 日，正是南半球的冬至，一年中最短的一天。他们声称发现了世界上最大的天书！考索克夫妇的发现，震惊了全世界的考古学界，考古学家们陆续来到纳斯卡高原，他们不仅发现了更多的直线条和弧线图案，在沙漠地面上和相邻的山坡上，人们还惊奇地发现了巨大的动物形体，这使得那些图案变得更加扑朔迷离：一只 45 米长的细腰蜘蛛，一只长约 300 米的蜂鸟，一只长 108 米的卷尾猴，一个巨大的蜡烛台在俯视着大地。到今天，考古学家们共发现了成千上万这样的线条，它们有些绵延 8 千米，还有数十幅图形，包括 18 只鸟。那么，这些神秘线条是什么人创作的呢？

1983 年，一支意大利的考古队在纳斯卡地区发现了大量的陶器，这些陶器上都装饰有一些动物图案。而这些图案在荒漠上又以更大的规模重复出现。这些图案的相同使人们相信神秘的线条是古纳斯卡人所为。

根据纳斯卡制陶风格的不同，考古学家们把纳斯卡文明分为 5 个时期。考古学家在线条所处的地层里，找到了那些陶器，由于处于同一地层，因此判定纳斯卡线条的年代与陶器的年代是非常接近的。而通过对陶器的碳 14 测定，人们推断出了陶器生产的年代，从而也就间接得出纳斯卡线条的制作年代为公元前 200 年到公元后 300 年之间。

纳斯卡平原上最常见的是黄沙和黏土，上面铺着一层薄薄火山岩和砾石，长期的风吹日晒使它们发黑变暗。在这些所谓天然黑板上作画，不过就是古纳斯卡人刮去几厘米的岩石层，让下面苍白的泥土显露出来。如果是在另外一种气候条件下，也许剧烈的外界侵蚀会在数月内磨蚀掉这些线条，但纳斯卡是地球上最干燥的地区之一，再加上那里几乎没有强风，因此风蚀也微乎其微。寸草不生的纳斯卡高原是如此贫瘠，如此与世隔绝。这些都为纳斯卡线条保留至今提供了条件。

然而，纳斯卡线条规模太大了，人们在地面上根本无法看清图形全貌，以至于直到上世纪 40 年代才被人们从飞机上全部发现。但是，这些线条是在 2000 年前创造的，那时的人们不可能掌握现代飞行技术，那么，在根本看不到全貌的情况下，古代的纳斯卡人又是怎样设计、制造出这些巨大的直线、弧线以及那些动物图案的呢?

德国女数学家玛利亚・赖歇将自己的一生献给了纳斯卡线条。作为一个数学家，她特别想知道那些纳斯卡人在设计和刻画线条时是否依据了几何学原理。她发现许多线条爬坡穿谷，绵延很长距离却能保持笔直，很可能是在木桩间拉线作为画线的标准，只要三根木桩在目测范围内保持一条直线，那么，整条线路就能保持笔直。

上世纪 80 年代，纳斯卡镇的学生们在考古学家的带领下，向人们演示了古人是如何制造一条纳斯卡线条的。首先用标杆和绳索标出一条笔直的线，然后，再把表面的黑石拿走，露出下面闪光的白沙，反衬着周围富含铁矿的岩石，于是，一条线就出现了。也许，这就是纳斯卡线条的本来面目吧。尽管这个实验形象地验证了学者的假说，但是，有一点无法解释，那就是，在纳斯卡地区不仅有大量的直线条，还有众多的弧线所组成的图案，比如，有一只长达 108 米的猴子图像。

今天的纳斯卡人仍旧崇拜水，学者赖歇穷尽自己的生命来解答纳斯卡的秘密，在她生命的末期终于找到了她所认为最合适的答案。那些弧线是通过把线的一头固定住，另一端像用圆规画图一样在地上旋转，就能画出每一条弧线。赖歇的研究还表明，古代纳斯卡人会事先在约 1.8 平方米的小块地皮上设计图案。在几片较大图案的旁边发现了这些泥土草稿，设计者们在小型草稿上确定弧线、中心点和辐射线的适当比例后，再进行适当的放大。

赖歇一生的焦点就是那片静止不动的沙漠和它的居民。逐渐地，这个身着简朴的棉质衣服、脚穿橡胶拖鞋，瘦削而结实的女性成了秘鲁的英雄，纳斯卡全镇人庆祝她的生日，并以她的名字命名了一所学校和一条街道。直到20世纪80年代，这位老太太在临终前，依然念念不忘纳斯卡的秘密……

尽管赖歇论证详细，但是，她那些关于巨型线条是如何刻制出来的解释并未得到普遍接受。赖歇理论中一个致命的问题，就是无法解释那些不规则图案是如何制作的。比如那只巨大的蜘蛛和那个神奇的牧羊人。很显然，蜘蛛和牧羊人的图案不是古纳斯卡人随意或者是无意中在广阔的地面上绘制出来的，而肯定是先有了设计蓝图，然后再制作出来。但是，我们的疑问又一次回到了前面，古纳斯卡人是怎样将图纸上的样子放大到1万平方米，甚至更大的土地上的呢？他们又是怎样在施工过程中保证图案不至于变形或走样的呢？要知道，人们在地面上是根本无法辨认出这些线条的形状的！

也许，我们忽略了一个最简单的假设：那就是古纳斯卡人很有可能在地面上人工建立一座宏伟的高台，来监督制造巨大的纳斯卡线条！

在纳斯卡不远的地方，矗立着一些金字塔，它们是玛雅人的杰作。那么，古纳斯卡人是否也建筑了金字塔式的指挥塔，用来监督制作巨大的线条呢，而随着时间的流逝，纳斯卡高原上的指挥塔逐渐消失，最后，只剩下那些谜一样的线条呢？

但是，修建如此之高的瞭望台，不仅令人难以想象，更重要的是，建筑此高台所需的材料从何而来呢？2000年前的纳斯卡地区干旱少雨，不可能有茂密的树木生长，高台也就不可能用木头来制造；而假如用土，那么，这里地表是以砾石为主，仅有少量的沙土，根本没有足够的泥土来修建如此之高的高台；假如用岩石搭建，我们今天为何在纳斯卡地区没有发现取材用的大规模采石场呢？看来，在地面上建造高台的说法，似乎也是站不住脚的。

### 巨鸟图案的纳斯卡线条

现在，纳斯卡线条吸引了越来越多的游客前来参观，而要想欣赏到线条的整体构图，就必须乘坐当地提供的一种轻型飞机。在众多的游客当中，不乏对未知事物持有浓厚兴趣的探索者。伍德曼就是这样的人。他不仅是美国佛罗里达航空公司的总裁，还是国际探险协会的会员。

当他乘坐飞机飞过纳斯卡上空时，灵光突然出现在他脑中，古代纳斯卡人是否乘坐一种飞行器来监督制作出线条的呢？更多的证据使伍德曼相信自己的结论：纳斯卡人在秘鲁山区的后代印加人至今还流传着会飞的物体的传说，而且，许多纳斯卡陶器和织物的残片上都饰有飞行的图案，包括气球风筝和鸟一样的飞人。

兴奋不已的伍德曼开始采用一种实验性考古方法来证明自己大胆的假设。他决定仿照古纳斯卡人制造一个热气球，并将其命名为“兀鹫一号”，这是安第斯山一种高飞的巨鸟。为了令人信服，伍德曼清楚，制造“兀鹫一号”的材料，必须尽可能接近古纳斯卡人所用的材料，而气球的样式则与纳斯卡陶器上的飞行图案一样。

1976 年 11 月，26 米高的“兀鹫一号”终于完工。人们在地面上建起一个炉灶，以生产出足够的热气灌入气球。几天后的凌晨 5 点半，伍德曼和一名热气球飞行冠军乘着它飞上天空，在短短几秒钟的时间里，他们在沙漠上迅速攀升了 122 米。地面上一阵欢呼，实验成功了，古代纳斯卡人的确可以乘坐热气球飞上空中。但是，接下来的事情令人非常沮丧，因为气球只在空中停留了短短的三分钟，这短短的三分钟，对于修建庞大的纳斯卡线条，显然是远远不够用的。

关于纳斯卡线条是如何制造的，人们的探索似乎已经走到了尽头。问题的答案或许就在这些神奇的线条后面，可现在它已经流失在时光之中了。

但是，人类探索的热情依然没有止步。如果我们无法解释这些线条是怎样制造的，或许，我们可以回过头来，再去考察一下这些神秘线条的意义，也许会对研究它的制造有所帮助。

一位名叫冯·丹尼肯的作家，曾经是个旅馆经理。他为纳斯卡线条赋予了神秘的光环，在他的著作《众神的战车》这本书中，提出纳斯卡线条是外星飞行器使用的跑道。他认为，不明身份的天使在远古某时降落在纳斯卡高原，在那里为自己的飞行器修建跑道，而他的证据就是那些酷似机场跑道的线条。

冯·丹尼肯的作品在 1968 年问世后，立刻成为国际畅销书，同时也使纳斯卡线条获得更高的知名度。但是，科学家们不假思索地摒弃他的看法，他们认为这个疯子根本就没有科学常识，因为不仅航天器不需要跑道，而且，纳斯卡柔软的沙土根本不适合任何沉重的飞行器降落，假如那样的话，恐怕这些宇宙飞行员会陷进土里拔不出脚来！尽管冯·丹尼肯的“外星人假说”受到科学界普遍嘲笑，却启发了一些人把注意力投向天空，古纳斯卡人会不会参照天上的星座位置来绘制地面上的图案呢？

从考古学的发现可以看出，远古人们对于天象是极为崇拜的。中国濮阳的一座新石器时代墓葬里曾出土了用贝壳做成的北斗七星图案。那么，古纳斯卡人是否也是这样制作出这些线条的呢？但星象是不断变化的，而且在星空下，是无法产生投影的。

1983 年，一支意大利的考古队来到这里，他们在纳斯卡地区的南端发现了一座名叫卡华赤的古城。这里有宽阔的广场、雄伟的石级，还有几十座大约有 30 米高的金字塔。然而，令考古者迷惑不解的是，卡华赤城中并没有发现繁忙的市镇中心和军事活动的遗迹，相反，这座城市似乎只用于宗教仪式和节日庆典。那么，古代纳斯卡人又居住在哪里呢？

**牧羊人图案的纳斯卡线条**

很快，人们在纳斯卡线条区域的北端一个叫文蒂拉的地方发现了大量生活痕迹，虽然它已经被农业耕作破坏了一部分，但有足够的证据表明这里是一个真正的都市城镇。而在文蒂拉这个古纳斯卡人的生活区，到卡华赤这个祭祀区中间，就是著名的纳斯卡线条的区域。

我们可以想见，在2000年前，古代纳斯卡人每到节日，都会来到卡华赤，进行大规模的朝圣和祭祀活动，而在他们到达那里之前，必须要经过的，就是广阔的纳斯卡线条所在地，纳斯卡线条就是位于这样一个重要的位置！毋庸置疑，这些神秘的线条和祭祀活动有着紧密的关联。那么，古代纳斯卡人又是在祭祀什么呢？

现代民族学的观点认为，对于一个原始民族来说，对生存最重要的，往往就是他们所要祭祀和祈求的。对于纳斯卡地区的人们来说，什么又是他们最为缺乏的呢？是水！

现代纳斯卡人生活和农耕用水的可靠来源，是雄伟的安迪斯山脉。从卡华赤以下的地区，干旱年年有规律地出现，河流只在短短的两个季节流过这些山区。

在古代的某个时期，纳斯卡人修建了一个庞大的灌溉系统，150千米的沟渠纵横交错，遍布这个地区。这些沟渠大部分都深埋于地下，有入口也有出口。而这些沟渠所在的范围恰好就是纳斯卡线条的区域！ 水跟纳斯卡线条有着怎样的联系呢？ 美国麻省大学研究员戴维·约翰逊，多年来一直在研究纳斯卡地区古代灌溉系统。远古时期火山活动导致的地下岩石断层，成为古纳斯卡人引水的天然渠道。

1997年的一天，戴维正在山上探察一个岩石断层，他走过一座小山脊，摆在他面前的就是那个宏伟的纳斯卡体型体系和线条群落，它们正好指向戴维要去的那个断层。这时，他突然意识到他的下面有一个水源，戴维后来回忆说：“我当时一下子就坐了下去，抬起头说：‘我的上帝，我想我知道它是什么意思了！’”

戴维认为这些巨大的图形，还有它们之间数千米长的线条，是纳斯卡人用来记录地下水源地位置的标记。正像今天，我们城市中供水系统图纸一样，这些神秘的线条正是古纳斯卡人所绘制的自己的供水系统图。而在它下面，就是古人用来饮用和灌溉、对于纳斯卡人最为宝贵的水利体系！

根据戴维和其他科学家的发现，我们可以推想，古代纳斯卡地区的社会是由许多不同的家族组成。关于这一点，纳斯卡地区出土的陶器和织物上的图案，可以给我们提供足够的证据——研究者发现，那些陶器和织物上的动植物图案，恰巧就是不同家族所崇拜的图腾，也就是他们各自的族徽。而此刻，安第斯山上珍贵无比的水正缓缓地顺着纳斯卡地区下面的天然断层流淌，家族之间为了争夺水源，曾经发生了很多惨烈的战争。最终，大家意识到，靠战争来解决水源的办法是徒劳而又白费鲜血的，于是不同家族之间重归于好，人们开始坐下来，商量如何有秩序地利用这些公共水源，一个合理的方案最后被家族们所接受。结果，大家都退回了文蒂拉的居住地，纳斯卡地区的水渠被分割为不同的家族所有。为了区分各自的水源地，每个家族根据水流的方向和范围，在地面上绘出自己家族所独有的族徽来，于是，陶器上的蜘蛛、猴子、巨鸟等等图案，从此出现在纳斯卡高原上。

尽管戴维的纳斯卡线条与水有关的理论被越来越多的学者所接受，但是，人们依旧不能回答纳斯卡线条是如何制造的这个问题，正像那位德国女科学家赖歇在临终前所说的“我们将无法知道所有的答案”。

在发现纳斯卡线条隐藏巨型图案的消息公布后，引起了世界各地的专家前往展开研究工作。专家们发现大部分的线条和图形，都分布在秘鲁南部一块完整地域上，北由英吉尼奥河开始，南至纳斯卡河，面积达200平方英里。由于图案十分巨大，只能在300米以上的高空，才能看到图案的全貌，所以一般人处于地面的水平角度上，只能见到一条条不规则的坑道，根本无法得知这些不规则的线条所呈现的竟是一幅幅怎样巨大的图案。根据研究人员的发现，这些图案是将地面褐色岩层的表面刮去数厘米露出下面的浅色岩层而形成的坑道线条，每条的平均宽度约为10至20厘米，而当中最长的则达约10米。所以由这些长度不一的线条所组成的图案，其面积也有所不同，例如其中的一幅动物图案就长达200米。

**天然屏障做保护**

经过专家们将镶嵌在线条上的陶器碎片做详细研究后，证实纳斯卡线条已存在多年。他们推测这些图案是分为两个阶段完成的，当中最短的也至少拥有1400多年历史。这些巨型图案能够保存千年而没遭受到大自然的破坏，其实是和纳斯卡平原的气候有关。纳斯卡平原是一个气候干旱而贫瘠的高原，由于遍布高原的碎石，将阳光的热能吸收及保留，从而散发出一股温暖的空气，在空中形成一个具有保护作用的屏障，令高原上的风不像平原那样强劲。再加上那里长年不下雨的干旱气候，令纳斯卡平原成为地球上最干燥的地区之一。有专家便推断，这块无风无雨、面积达200平方英里的辽阔高原，便是因为这种气候条件而成为当年创作纳斯卡线条的理想地点。

**推测有观星之用**

由正式发现图案至今已有60多年，尽管科学家们努力钻研，依然未能解开绘画这些巨型图案的目的何在。有人认为这些几何形状的图案，是外太空飞船所留下的跑道轨，但其他的动物图案又要如何解释呢？有天文学家利用电脑分析，发现其中一幅蜘蛛形图案和猎户星座的形状很类似，而连接这个图形的笔直线条，则可以追踪猎户星座三颗星，所以有科学家便由此推断纳斯卡线条的原意可能是用作观星之用。此外，这幅蜘蛛图形实际上亦描绘出一种学名为“节腹目”的蜘蛛的外形，这种蜘蛛十分罕见，全世界只有亚马逊河雨林的深处地区才能找到。那么，当时的人又是怎样得到样本来依照绘画呢?

有的科学家认为,荒原图案可能是古纳斯卡人举行盛大体育活动的场所,那些图案为各项体育活动而设计的。

有的科学家认为,荒原图案可能是古纳斯卡人举行宗教仪式的场地,那些图案中的每个图像分别为各个氏族的图腾。

纳斯卡人的繁盛时期在公元前200年到公元650年间，其文化遗址位于秘鲁首都利马东南400千米。纳斯卡文化以其荒原巨画闻名于世，在方圆500平方千米的荒原上，石子铺成了巨大的线条、几何图形、动物和植物的形象，其中最大的图形占地达5平方千米，然而只有在至少300米的高空才能看见这些巨画的全貌。神秘的纳斯卡文化遗址吸引了众多考古学家，多位秘鲁和外国学者已在这一地区进行了几十年的考古工作。

南美洲秘鲁的纳斯卡平原巨画是古代留下来的，是科学家仍未最后揭开的谜团之一。方圆500平方千米的土地上覆盖着有长达300米的人和动物的画像、线条、螺纹和几何图形，而且现代人直到1940年代飞机开始飞越秘鲁上空后才发现所有这些奇迹。因为这些画实在是太大,在地表上根本无法看见。

对这个神秘平原的研究是俄罗斯科学院宇宙研究所行星物理学研究实验室主任列昂尼德·克桑福马利季的业余爱好。据他说，高地上有人画了1.8万条线条，这些线条宽从5厘米到几十米。它们是怎样被画上去的？纳斯卡平原是个多石高地，但走线的地方，石头被粉碎成晶莹的沙砾。这些线条还有个特点，就是即使在被地貌扭曲的情况下，从空中的某一个观察点看去，线条也是直的。

总之，纳斯卡荒原图案仍是一个未解之谜。

**海洋密码科普丛书**

| | |
|---|---|
| 书　　名 | 神奇的海陆变迁和失落的人类文明 |
| 编　　著 | 阎　安 |
| 责任编辑 | 王家俊 |
| 出版发行 | 凤凰出版传媒股份有限公司<br>江苏凤凰教育出版社(南京市湖南路1号A楼　邮编210009) |
| 苏教网址 | http://www.1088.com.cn |
| 照　　排 | 南京紫藤制版印务中心 |
| 印　　刷 | 镇江中山印务有限公司(电话0511—86917816　86917818) |
| 厂　　址 | 丹阳市朝阳路1-3号 |
| 开　　本 | 787mm×1092mm　1/16 |
| 印　　张 | 8.75 |
| 版　　次 | 2014年12月第1版<br>2017年1月第2次印刷 |
| 书　　号 | ISBN　978-7-5499-4455-2 |
| 定　　价 | 25.00元 |
| 网店地址 | http://jsfhjycbs.tmall.com |
| 公 众 号 | 苏教服务(微信号:jsfhjyfw) |
| 邮购电话 | 025-85406265,025-85400774,短信02585420909 |
| 盗版举报 | 025-83658579 |

苏教版图书若有印装错误可向承印厂调换
提供盗版线索者给予重奖